GIS YINGYONG
SHIYAN JIAOCHENG

U0956913

主　编 ◎ 韩艳英（西藏农牧学院）
李文凤（杨凌职业技术学院）
副主编 ◎ 叶彦辉（西藏农牧学院）
赵　洋（西藏农牧学院）

GIS应用实验教程

电子科技大学出版社

图书在版编目(CIP)数据

GIS应用实验教程 / 韩艳英, 李文凤主编. -- 成都：电子科技大学出版社，2017.9

ISBN 978-7-5647-5019-0

Ⅰ. ①G… Ⅱ. ①韩… ②李… Ⅲ. ①地理信息系统—教材 Ⅳ. ①P208

中国版本图书馆CIP数据核字(2017)第213565号

GIS应用实验教程

韩艳英　李文凤　主编

策划编辑　李燕芩
责任编辑　李燕芩

出版发行　电子科技大学出版社
成都市一环路东一段159号电子信息产业大厦　邮编　610051
主　　页　www.uestcp.com.cn
服务电话　028-83203399
邮购电话　028-83201495

印　　刷　成都市前智印务有限责任公司
成品尺寸　140mm×203mm
印　　张　2.75
字　　数　58千字
版　　次　2017年9月第一版
印　　次　2017年9月第一次印刷
书　　号　ISBN 978-7-5647-5019-0
定　　价　20.00元

前　言

地理信息系统（Geographic Information System，简称GIS）是能提供存储、显示、分析地理数据功能的软件。主要包括数据输入与编辑、数据管理、数据操作以及数据显示和输出等。GIS作为获取、处理、管理和分析地理空间数据的重要工具、技术和学科，得到了广泛关注和迅猛发展。

GIS是解决空间问题的工具、方法和技术；从学科的角度，GIS是在地理学、地图学、测量学和计算机科学等学科基础上发展起来的一门学科，具有独立的学科体系；从功能上，GIS具有空间数据的获取、存储、显示、编辑、处理、分析、输出和应用等功能；从系统学的角度，GIS具有一定结构和功能，是一个完整的系统。

简而言之，GIS是一个基于数据库管理系统（DBMS）的管理空间对象的信息系统，以地理数据为操作对象的空间分析功能是地理信息系统与其他信息系统的根本区别。

目 录

第一章 GIS产品的认识

一、实验目的

1．了解ESRI产品系列，熟悉桌面GIS软件ArcGIS的界面环境和体系结构；

2．熟悉ArcGIS的组成及其相互关系；

3．了解MapInfo产品；

4．了解Arcview结构。

二、实验内容

1．介绍ESRI和MapInfo产品系列；

2．初步掌握ArcGIS主要工具、菜单命令的使用，了解ArcGIS的各个模块及其相互关系和功能，练习使用ArcGIS的主要工具及菜单命令；

3．介绍Arcview的结构功能。

三、实验相关知识

1．ESRI产品系列

ESRI公司（Environmental Systems Research Institute，美

国环境系统研究所公司）的ArcGIS系列软件是一个全面的、完善的、可伸缩的GIS软件平台，无论是单用户，还是多用户，无论是在桌面端、服务器端、互联网还是野外操作，都可以通过ArcGIS构建地理信息系统。

- ArcGIS Desktop：一个专业GIS应用的完整套件
- ArcGIS Engine：开发GIS应用的嵌入式开发组件
- 服务器GIS：ArcSDE，ArcIMS和ArcGIS Server
- 移动GIS：ArcPad

ArcGIS是基于一套由共享GIS组件组成的通用组件库实现的，这些组件被称为ArcObjectsTM。

ArcGIS桌面产品（ArcGIS Desktop）是一系列整合的应用程序的总称，包括ArcCatalog，ArcMap，ArcGlobe，ArcToolbox和ModelBuilder。通过协调一致地调用应用和界面，你可以实现任何从简单到复杂的GIS任务，包括制图、地理分析、数据编辑、数据管理、可视化和空间处理。

（1）ArcGIS Desktop是可以满足各种类型用户的可伸缩的产品。从功能上讲，它可以分为三个层次。

- ArcView主要关注复杂数据的使用、地图的显示以及分析。
- ArcEditor增加了高级的地理编辑和数据的创建。
- ArcInfo是GIS desktop的旗舰，包含复杂GIS的功能和丰富的空间处理工具。

ESRI和其他一些组织为这三个层次产品都提供了一系列

的ArcGIS Desktop的扩展模块。用户也可以通过对ArcObjects（ArcGIS软件的组件库）的编程为ArcGIS Desktop开发自定义的扩展。用户可以采用标准的Windows编程界面如Visual Basic. NET，Java和Visual C++来开发扩展模块和自定义的工具。

（2）ArcGIS Engine是用于构建定制应用的一个完整的嵌入式的GIS组件库。利用ArcGIS Engine，开发者能将ArcGIS功能集成到一些应用软件，如：Microsoft Word和Excel中，还可以为用户提供针对GIS解决方案的定制应用。

ArcGIS Engine可以在Windows，UNIX和Linux桌面上运行并支持一系列的应用软件开发环境，例如：Visual Basic 6，Microsoft Visual Studio. NET和各种Java开发环境，像ECLIPSE和JBuilder。

（3）ArcSDE是ArcGIS与关系数据库之间的GIS通道。它允许用户在多种数据管理系统中管理地理信息，并使所有的ArcGIS应用程序都能够使用这些数据。

ArcSDE是多用户ArcGIS系统的一个关键部件。它为DBMS提供了一个开放的接口，允许ArcGIS在多种数据库平台上管理地理信息。这些平台包括Oracle，Oracle with Spatial/Locator，Microsoft SQL Server，IBM DB2和Informix。

ArcIMS是一个通过中心网络门户来发布GIS地图、数据和元数据的有效解决方案。使用ArcIMS构建的GIS网站允许任意数量的用户通过企业局域网或Internet进行访问。

ArcIMS使网站能够提供GIS数据、交互式地图、元数据目录以及特定的GIS应用。通常，ArcIMS用户通过他们的Web浏览器，借助ArcIMS内含的HTML或Java应用程序来访问这些GIS服务。除此以外，ArcIMS服务还能够被更多的客户端访问，如ArcGIS Desktop、ArcGIS Engine应用、ArcReader、ArcPad、ArcGIS Server节点、MapObjects for Java应用以及各种使用HTTP和XML进行网络通信的无线设备。

ArcGIS Server是一个用于构建集中管理、支持多用户的企业级GIS应用的平台。ArcGIS Server提供了丰富的GIS功能，例如地图、定位器和用在中央服务器应用中的软件对象。

开发者使用ArcGIS Server可以构建Web应用、Web服务以及其他运行在标准的.NET和J2EE Web服务器上的企业应用，如EJB。ArcGIS Server也可以通过桌面应用以C/S（Client/Server）的模式访问。ArcGIS Server的管理由ArcGIS Desktop负责，后者可以通过局域网或Internet来访问ArcGIS Server。

（4）ArcPad：移动制图和GIS系统。ESRI公司的ArcPad软件是用于移动Windows设备的移动制图和GIS技术。ArcPad为野外用户通过手持和移动设备提供数据库访问、制图，、GIS和GPS的综合应用。通过ArcPad可以实现快速便捷的数据采集，大大提高了野外数据的可用性和有效性。

2．MapInfo系列

MapInfo是美国MapInfo公司的桌面地理信息系统软件，

是一种数据可视化、信息地图化的桌面解决方案。它依据地图及其应用的概念，采用办公自动化的操作，集成多种数据库数据，融合计算机地图方法，使用地理数据库技术，加入地理信息系统分析功能，形成了极具实用价值的、可以为各行各业所用的大众化小型软件系统。MapInfo Professional 提供了数据库（包括功能强大的 SQL 查询）和地图、图表和统计图可视化的处理功能，是进行数据分析、销售和展示不可多得的商用工具。

MapInfo公司系列产品。

● MapInfo Professional ——桌面绘图和地理分析软件，也是其主线产品。

● MapBasic ——MapInfo Professional 的应用开发环境。用来创建用户应用 MapInfo软件。

● Professional，MapInfo runtimes.扩展了地理学方面的功能，自动重复操作，把 MapInfo Professional 与其他应用更快、更容易地相互结合起来。

● MapInfo MapX——最早、最有效益地把绘图功能嵌入工具，是ActiveX 的组成部分，使开发商能够把绘图功能嵌入任何快捷、便利的应用之中。其最终成果便是能够把基于位置信息的数据以高清晰可视化效果的显示与分析，更好地服务于用户，制定更好的决策来管理资产及更有效地运作。

● MapInfo MapX Mobile——创建为 Pocket PC 用户订制的绘图应用的首要开发工具。MapInfo MapX Mobile是一个为移

动用户、工作人员创建的基于绘图应用的开发应用工具。这项应用建立在MapInfo MapX Mobile与Pocket PC Windows OS相平衡的基础上，并且在诸如Compaq PAQ和HP Jornada等设备上运行。这个颇受欢迎的专业化版本MapInfo MapX Active X Control可以把现存的基于绘图方面的技术应用于移动设施或创建新的应用。

3．ArcGIS的模块及功能

ArcMap、ArcCatalog和Geoprocessing是ArcGIS的基础模块，应用ArcGIS进行空间分析时，应首先掌握这三个模块的各项功能。

（1）ArcMap是ArcGIS桌面系统的核心应用程序，用于显示、查询、编辑和分析地图数据，具有地图制图的所有功能。ArcMap提供了数据视图（Data View）和版面视图（Layout View）两种浏览数据的方式，在此环境中可完成一系列高级GIS任务，如图1-1所示为ArcMap界面。

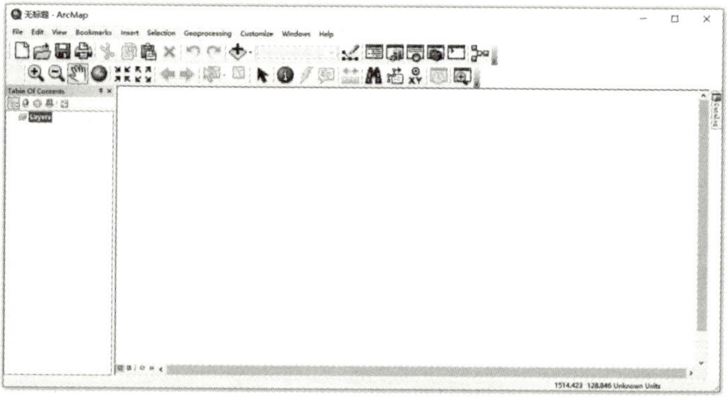

图1-1　ArcMap界面

（2）ArcCatalog是一个空间数据资源管理器，如图1-2所示。它以数据为核心，用于定位、浏览、搜索、组织和管理空间数据。利用ArcCatalog还可以创建和管理数据库，定制和应用元数据，从而大大简化用户组织、管理和维护数据工作。

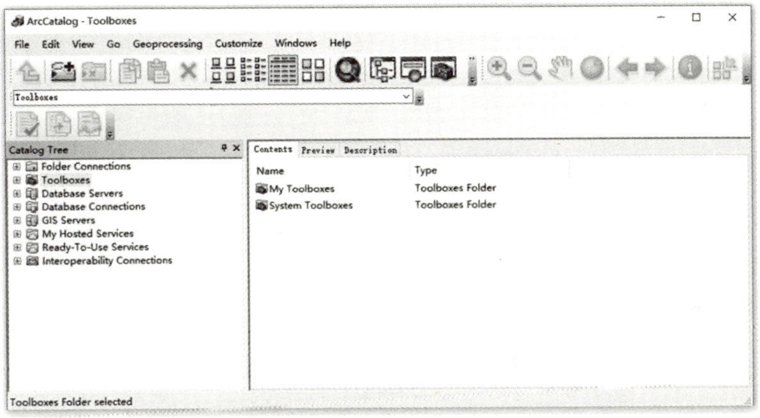

图1-2　ArcCatalog界面

（3）Geoprocessing空间处理框架，具有强大的空间数据处理和分析工具。框架主要包括两个部分：ArcToolbox（空间处理工具的集合）和ModelBuilder（可视化建模工具）。ArcToolbox包括了数据管理、数据转换、Coverage处理、矢量分析、地理编码以及统计分析等多种复杂的空间处理工具。ModelBuilder为设计和实现空间处理模型（包括工具、脚本和数据）提供了一个图形化的建模框架。它们均内嵌于ArcMap和ArcToolbox中。如图1-3所示为ArcToolbox和ModelBuilder的界面。

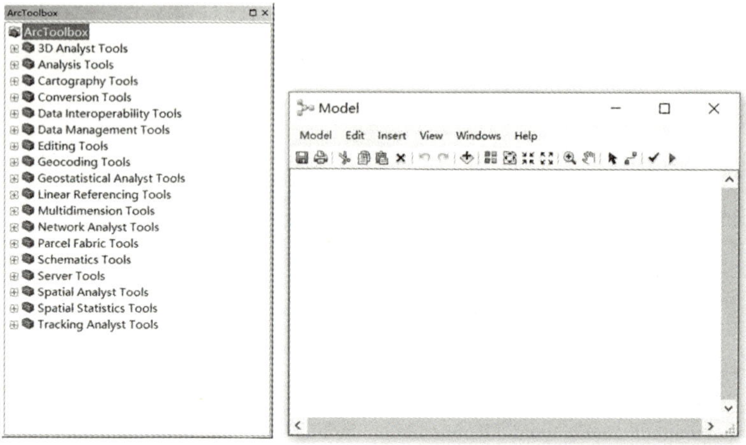

图1-3　ArcToolbox界面（左）和ModelBuilder界面（右）

4．ArcView结构功能

（1）ArcView是一款功能全面的桌面GIS通用软件，具有以下特点。

◆ 跨平台。ArcView在Window和Unix上均可运行。

◆ 面向对象。由视图、表格、统计图和图版等对象构成，甚至进行二次开发的每个程序都作为对象来操作。

◆ 开放性。包括系统用户界面的开放性、程序运行环境的开放性和数据管理的开放性。

（2）ArcView的图形用户界面

ArcView上所有工作都储存在项目（Project）文件中，项目窗口管理着该项目下的所有文档，这些项目文档，包括视图（Views）、表格（Tables）、图表（Charts）、图板

（Layouts）和脚本（Scripts）等，在启动其他扩展模块的情况下，还可能有其他ArcView文档。项目文档在项目管理器中进行打开、添加、删除等操作。如图1-4所示为ArcView的初始界面。

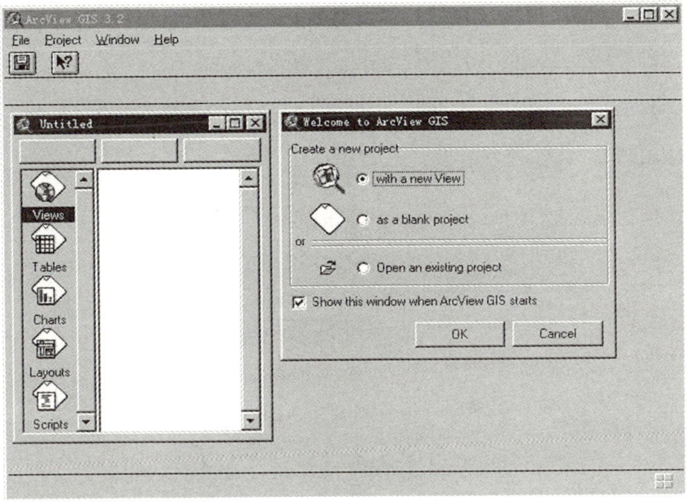

图1-4 ArcView初始界面

项目文件（后缀“.apr”）是一种ASCII格式文件，可以用一般的文字编辑程序对之阅读和修改，一般情况下，一个项目应是围绕同一地域、同一应用目的的相关文档的集合。也就是说，一个项目中的所有文档，均对应着同一个地理区域，并都是为某一具体的应用而组织起来的，从而体现出项目作为应用的目的性。不对应同一地域中的ArcView文档，必须进行地理关联，才能将它们置于同一项目之下进行地理分析。

（3）基本模块

◆ 视图 （Views）：地图显示，信息查询，空间分析。

◆ 表格 （Tables）：类似电子表格，并具有数据库管理功能。

◆ 图表 （Charts）：统计图形制作。

◆ 图版 （Layouts）：地图组合设计与编辑，并具有地图绘制功能。

◆ 脚本（Script）：面向对象的程序设计、调试、开发工具。

图1-5　ArcView项目窗口

ArcView由Project（项目）组织存贮其中视图、表格、图表、图版、脚本的状态，如图1-5所示，当保存一个Project时，不存贮实际的数据，保存的是ArcView在保存时状态的完整快照，类似于快捷方式，即保存所涉及的各种数据（地图、数据库表等）链接和指向关系。视图、表格、图表、图版、脚本是动态相连的，即任意一种信息被操作或改动，其余的都自动更新，以反映其更新结果。

实验一　ArcMap应用基础

1．ArcMap操作界面

（1）打开地图文档（Map Document）

在Windows下，用鼠标选择：开始/程序/ArcGIS/ArcMap，首先出现的可能是ArcMap的启动对话框“Start using ArcMap with”，如图1-6所示，用户可有三种选择。

A new empty map（建立一个新的地图文档）

A template（打开一个已有的模板）

An existing map（打开一个已有的地图文档）

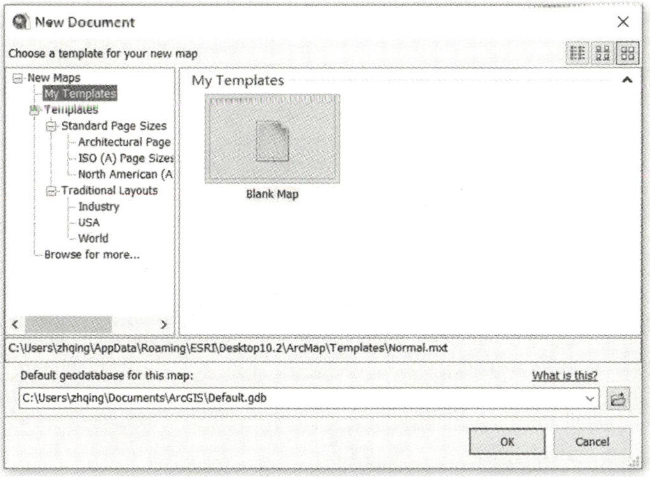

图1-6　Start using ArcMap with对话框界面

在File单中选择Open…（打开一个地图文档Map Document，如图1-7所示），根据对话框 的提示，在安装路径下选择.mxd文件，点击OK按钮，也可打开地图文档。关闭时，系统会提示是否保留修改，按一般计算机软件操作常规，有“是（Y）”和“否（N）”两种选择。

图1-7　地图文档窗口（ArcGIS10.0）

2. 基本功能操作

（1）左侧目录表（TOC）中有二个数据框架（Data Frame），他们是data frame1和data frame2，如果data frame1呈粗字体显示，表示该数据框 架被激活，处于可操作状态，点击data frame1左边的“+”号，就可展开显示data frame1的内容（通常是专题图层、独立属性表），再点击则关闭。若要激活其他某个数据框架，用鼠标右键点击数据框架名，在随之弹出的快捷菜单 中选择Activate（激活）。

（2）在目录表窗口（Table of Contents）中有每个专题图层（Layer）的名称、要素的表达符号及其说明，名称、符号、说明这三项加起来称图例（Legend）。Data frame1有三个专题图层（Layer）：点状图层、线状图层和面状图层。

（3）专题图层的显示控制。每个图层名称的左边有一个小方格（Check Box），用鼠标点击一下，可使打 钩号“√”出现（勾选）或消失，使图层打开显示或关闭隐藏。目录表中图层名称的上下排列代表了图形显示的先后顺序，即排在下面的图层先显示，排在上面 的图层后显示。如果按住鼠标左键将图层“土地使用”拖动到“道路”的上方，松开鼠标键，可以发现，线状的道路图大部分看不见了，这是因为面状多边形的 填充色后显示，盖住了线状的道路。因此，在多数情况下，点状图层放在最上，线状图层其次，面状图层放在最下。

（4）地图缩放、平移。用鼠标在目录表中右键点击某图层名，在弹出的快捷菜单中选 Zoom to layer，该图层的所有要素充满显示窗，如图1-8所示。

此外，标准工具条中以下按钮除了图层要素充满地图窗口作用外，还有按比例缩放要素的作用。鼠标左键选中某要素后，即可按以下按钮实现要素的缩放。

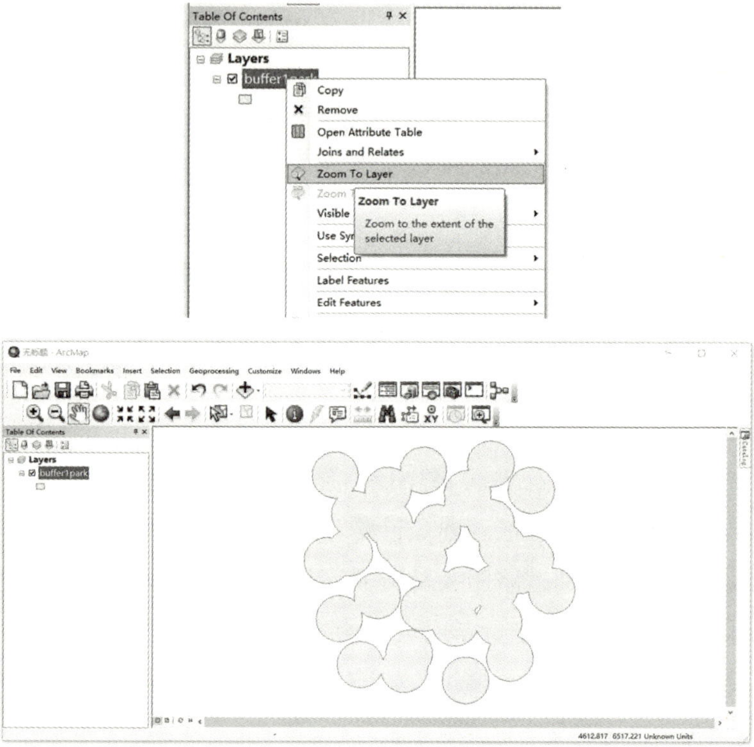

图1-8　目录表右键界面（上）和图层要素充满显示窗效果（下）

Full Extent 所有图层的要素充满地图窗口

Fixed zoom out 以预先设定的系数缩小地图

Fixed zoom in 以预先设定的系数放大地图

Go back to previous extents 返回上次显示范围

（4）要素查询。在基本工具条中选择属性查询按钮（Identify），在激活图层上选择线状、点状或面状，点击鼠标即出现所点数据信息的属性记录。也可以在地图上选择要素，查询对应的记录。在地图窗口的基本工具条中选用要素选择按钮（Select Feature），在地图窗口中单击某要素，图层中的要素和属性表中的记录也会同时改变颜色，表示已经选中。

地理数据是空间数据与属性数据的综合体。如图1-9所示，青海省地理数据为例，空间数据即是青海省的地理位置、形状、大小及其分布特征诸多方面信息的数据，在上图中用点、线、面以及实体等基本空间数据结构表达。属性数据是青海省的面积、GDP等非图像型特征的数据，在上图中以表格形式表现。

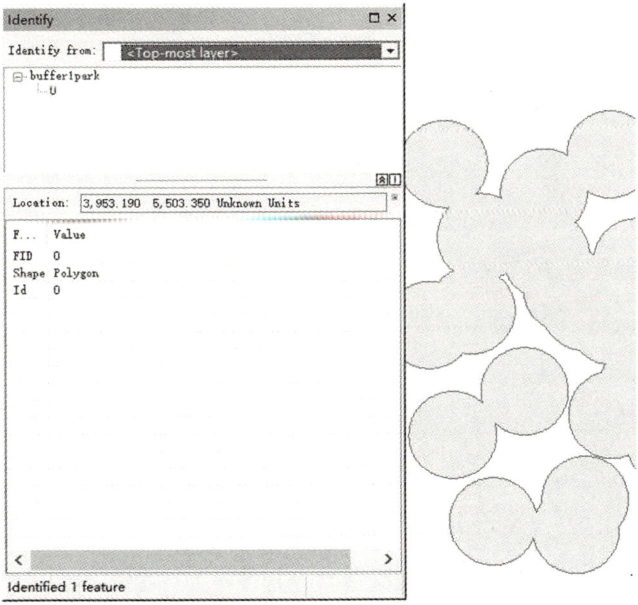

图1-9　查询功能显示青海省属性信息

除要素查询的方式，还可以用打开属性表的方法查看属性数据。用鼠标在目录表中右键点击某数据名，在弹出的快捷菜单中选 Open Attribute Table，即可查看该空间数据的属性表，如图 1-10 所示。

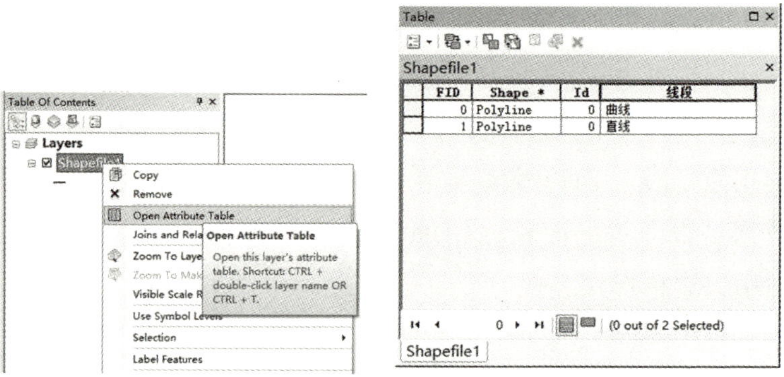

图 1-10　查看属性表

（5）ArcGIS 处理的数据有矢量型空间数据、关系型属性表、栅格型空间数据、不规则三角网（TIN）、其他辅助数据等，前四类属 Data Source（数据源）的基本内容，本教材用到的数据格式主要有：

矢量型 Shapefile 和对应的要素属性表；

矢量为主的空间数据库 Geodatabase；

传统 ArcInfo 的矢量型 Coverage 和栅格型 Grid（格网）。

基于关系模型的属性表，包括 dBASE 的 DBF 表、INFO 数据库的表、Access 数据库的表。

ArcGIS 专用的不规则三角网（Triangle Irregular Network，TIN）。

以 Geodatabase 为主的几何网络（Geometric Network）。

通用影像、图像格式数据（Image）。

CAD 图形文件。

实验二　ArcCatalog应用基础

1．文件夹连接

当ArcCatalog与文件夹、数据库等建立连接之后，用户就可以通过 ArcCatalog 来浏览、管理文件夹或数据库中的内容。在 Windows 下，用鼠标选择：开始→程序→ArcGIS→ArcCatalog，即可打开ArcCatalog初始界面，如图1-11所示。

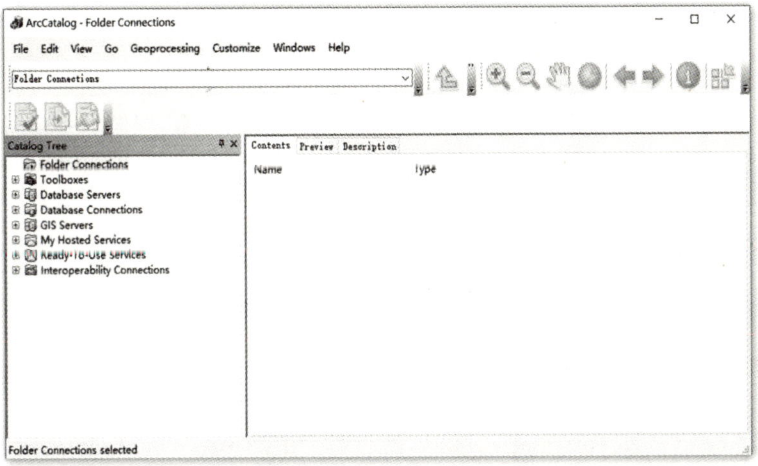

图1-11　ArcCatalog初始界面

（1）单击ArcCatalog Tree 中的Connect to Folder按钮，打开Connect to Folder对话框。

（2）在Connect to Folder对话框中选择要访问的文件夹，

点击确定按钮，建立连接，选择的文件夹中的文件将出现在右侧的文件夹栏中。

（3）如果想删除连接，可在标准工具栏中文件夹上点右键，在打开的快捷菜单选择Disconnect即可，如图1-12所示。

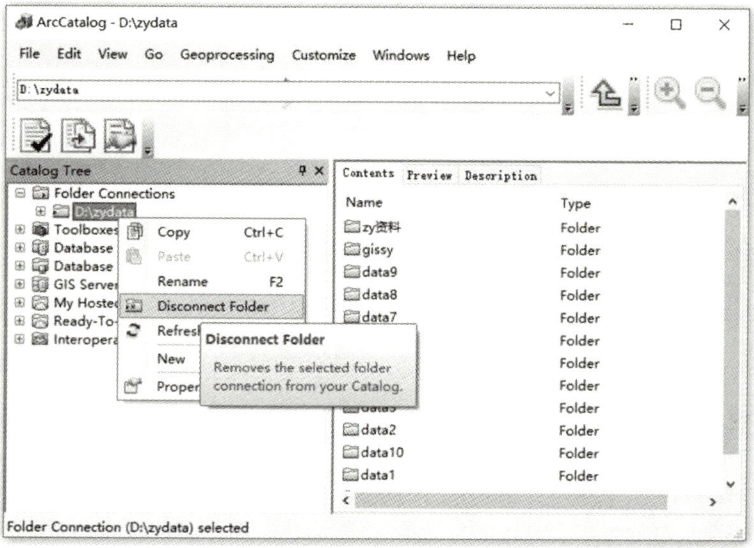

图1-12 删除连接

2．文件的增删

（1）如果想删除文件或文件夹，可在ArcCatalog Tree中操作。选中想要删除的文件夹，点右键，在打开的快捷菜单选择Disconnect即可。

（2）如果想复制文件或文件夹，同样在ArcCatalog Tree中操作。选中想要复制的文件夹，点右键，在打开的快捷菜单选择Copy即可。

实验三　Toolbox应用基础

1. 打开Toolbox

首先启动ArcToolbox。在ArcGIS的工具条中单击ArcToolbox  按钮启动。在Arc Toolbox环境下可以看到，ArcToolbox由多个工具集（Toolset）构成，能够完成不同的任务。

2. 激活扩展工具

在主菜单下的Customize有一个Extensions命令。这是一个激活ArcGIS扩展工具的命令。这些扩展工具提供了额外的GIS功能，用户可以选择安装这些扩展工具。

（1）单击Extensions命令打开Extensions对话框，如图1-13所示。

（2）选择安装3D Analyst工具，在3D Analyst前面的复选框内打勾。关闭对话框。

（3）此时单击3D Analyst工具箱中的工具，这些工具都可以被打开运行，如果没有加载这个扩展工具，3D Analyst工具箱其中的工具是不可被执行的。

3. 常用的工具集（如图1-14所示）

（1）3D分析工具（3D Analyst Tools）：使用3D分析工具可以创造和修改TIN和栅格表面，并从中抽象出相关信息，从而帮助你看清三维形态信息。

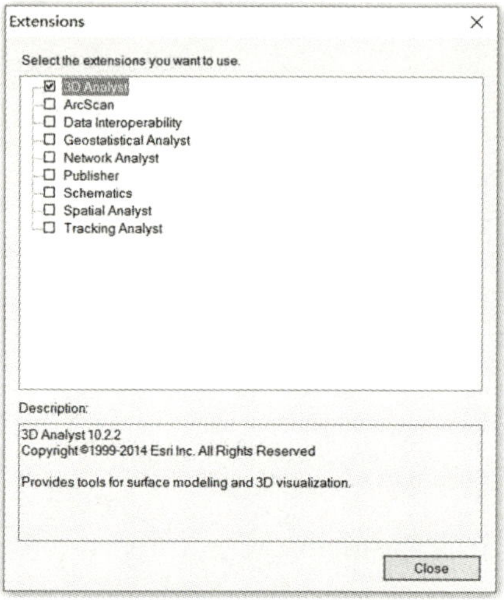

图 1-13　Extensions对话框

（2）分析工具（Analysis Tools）：对于所有类型的矢量数据，分析工具提供了一整套的方法，来运行多种地理处理框架。主要实现有联合、裁剪、相交、缓冲区等。

（3）制图工具（Cartography Tools）：制图工具根据特定的制图标准来设计的，包含了三种掩膜工具。

（4）转换工具（Conversion Tools）：包含了一系列不同数据格式的转换工具，如栅格数据、shapefile、Coverage、table、dBase、数字高程模型以及CAD到空间数据库（Geodatabase）的转换等。

（5）数据管理工具（Data Management Tools）：提供了丰富且种类繁多的工具来管理和维护shapefile、数据集、数据层和栅格数据结构。

（6）地统计分析工具（Geostatistical Analyst Tools）：地统计分析工具提供了广泛全面的工具，用它可以创建一个连续表面或者地图，用于可视化及分析，并且可以更清晰了解空间现象。

（7）线性要素工具（Linear Referencing Tools）：生成和维护现状要素的相关关系，如实现由线状 Coverage 到路径（Route）的转换等。

（8）空间统计工具（Spatial Statistics Tools）：空间统计工具包含了分析地理要素分布状态的一系列统计工具，这些工具能够实现多种适用于地理数据的统计分析。

图 1-14　Toolbox 界面

第二章　GIS空间数据采集与编辑

一、实验目的

1. 了解GIS空间数据；
2. 掌握Shapefile文件创建；
3. 掌握Coverage文件创建；
4. 了解Geodatabase，认识数据编辑。

二、实验内容

1. Shapefile文件创建；
2. Coverage文件创建；
3. 个人地理数据库创建；
4. 空间数据编辑。

三、实验相关知识

ArcGIS中主要有Shapefile、Coverage和Geodatabase三种文件格式。Shapefile由存储空间数据的shape文件、存储空间数据的dBase表和存储空间数据与属性数据关系的.shx文件组成；Coverage 的空间数据存储在二进制文件中，属性数据和拓扑数据存储在 INFO 表中，目录合并了二进制文件和 INFO 表，成为 Coverage 要素类；Geodatabase 是 ArcGIS 数据模型发展的第三代产物，它是面向对象的数据模型，能够表示要素的自然行为和要素之间的关系。

实验一　Shapefile文件创建

1．Shapefile文件的创建

（1）在 ArcCatalog 目录树中，右键单击需要创建 Shapefile 的文件夹，单击 New，再单击 Shapefile。

（2）打开 Create New Shapefile 对话框，如图2-1所示，设置文件名称和要素类型。要素类型可以通过下拉菜单选择 Polyline、Polygon、MultiPoint、MultiPatch 等要素类型。

（3）单击 Create New Shapefile 对话框中的 Edit 按钮，定义 Shapefile 的坐标系统，打开 Spatial Reference 对话框。

（4）单击 Select 按钮，可以选择一种预定义的坐标系统；单击 Import 按钮，可以选择想要复制其坐标系统的数据源；单击 New 按钮，可以定义一个新的、自定义的坐标系统。

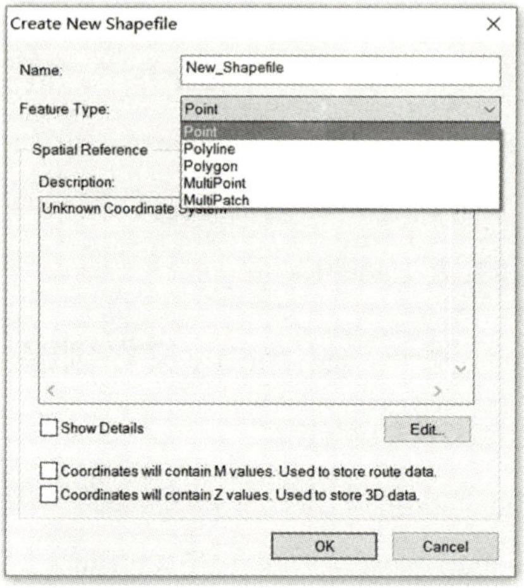

图2-1　Create New Shapefile 对话框

（5）单击 OK 按钮，新的 Shapefile 在文件夹中出现，如图2-2所示。

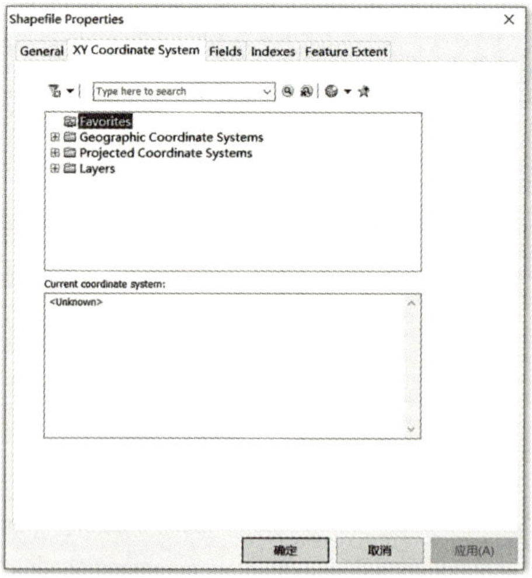

图2-2　Spatial Reference 对话框

2．属性索引的添加和删除

在 Shapefile Properties 对话框中，单击 Indexes 标签，进入 Indexes 栏，选中要建立索引的属性，删除此索引只要取消属性的选中即可，如图2-3所示。如果 Shapefile 还没有空间索引，在 Spatial Index 选项组中单击Add 按钮创建空间索引，如果需要删除已有的空间索引，单击 Delete 按钮。单击 Update 按钮，可以更新空间索引。

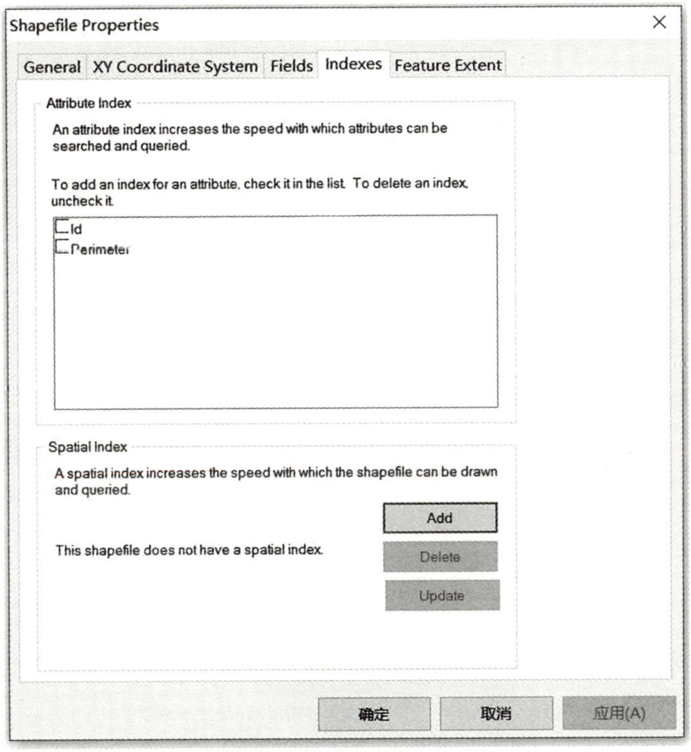

图2-3　Shapefile属性对话框——索引

实验二　Coverage文件创建

1．创建新的Coverage文件

（1）在ArcCatalog目录树中，右键单击需要创建Coverage的文件夹，单击New，再单击Coverage。

（2）打开New Coverage对话框，如图2-4所示，为新的Coverage输入名字，选中使用另一个Cove作为模板的复选框，并单击Browse按钮，选择想作为模板使用的Coverage。

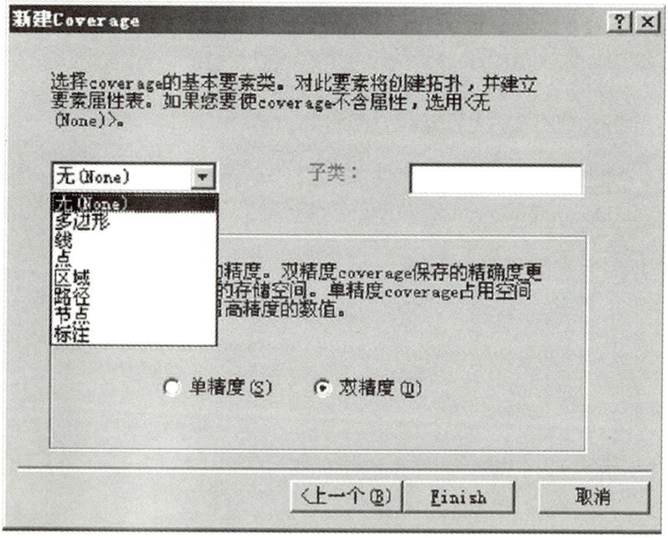

图2-4　新建Coverage对话框（ArcGIS10.0）

（3）单击Next按钮，打开定义投影对话框，新建Coverage的坐标系统。

（4）选择拓扑要素类，如果想创建一单精度的Coverage，单击Single按钮。双精度是默选项。

（5）单击完成按钮，创建完毕新的Coverage文件。

2. 定义 Coverage 的坐标系统

（1）在 ArcCatalog 目录树中，右键单击需要建立拓扑关系的 Coverage，单击 Properties 命令，打开 Coverage Properties 对话框，进入 Projection 选项卡，显示 Coverage 坐标系统及投影参数信息，如图2-5所示。

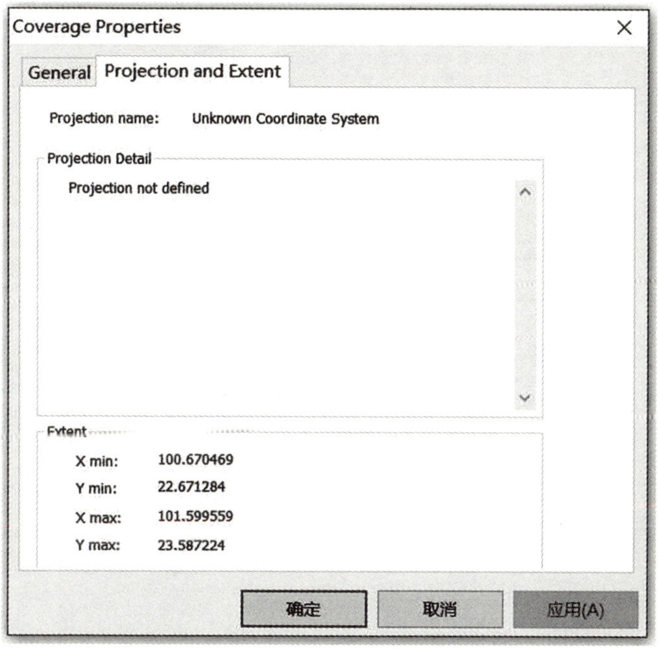

图2-5 Coverage定义投影向导对话框

（2）如果 Coverage 还没有定义坐标系统，可以单击 Define 按钮，打开 Define Projection Wizard 对话框；当 Coverage 已经定义了坐标系统，也可以在 Define Projcction Wizard 对话

框中改变现有的坐标系统，如图2-6所示。

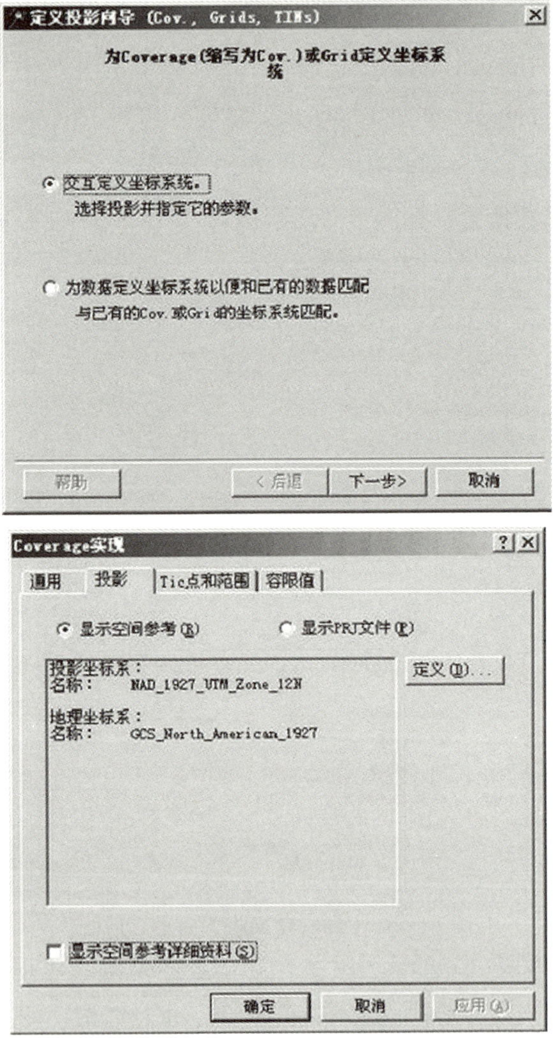

图2-6　Coverage定义投影向导对话框（ArcGIS10.0）

（3）选择第一类表示交互定义 Coverage 坐标系统，单击 Next，可在 Projection 列表中选择投影类型。单击 Next，确定各项投影参数。

（4）当选择第二个单选按钮时表示为 Coverage 匹配一个坐标系统，单击 Next，确定想使用其坐标系统的 Coverage、Grid 或 TIN。

3．建立拓扑

Build 与 Clean 都是建立拓扑的方法。Build 在确定 Coverage 的同时，需要选择建立拓扑关系的空间要素类型。Bulid 后的 Coverage 仍保持原来属性表中的数据项，但不保留关联特性。Clean 依据一定的容限值，建立多边形和弧段结点的拓扑关系，可以完成一些 Build 无法完成的工作。

利用Build建立拓扑关系。

（1）在 ArcCatalog 目录树中选择要建立拓扑关系的Coverage，右击，并在右键快捷菜单中选择“属性”命令，打开此Coverage的属性。选择“通用”选项卡，进入“通用”对话框。

（2）在“要素类”选项中，选择要建立拓扑关系的地理要素，单击“Build”按钮，弹出“Build”对话框。

（3）根据需要改变建立拓扑关系的要素类或者注记子类，单击“确定”按钮，返回到Coverage实现的对话框。单击“确定”按钮，即完成了Coverage的拓扑关系的建立。

实验三　创建个人地理数据库(Personal Geodatabase)

1. 在ArcMap界面的右侧，嵌入了ArcCatalog的目录树。在该目录树种定位到gis文件夹。右键点击gis文件夹，在出现的菜单中，选择“新建”→“文件夹”，文件夹名称改为data。右键选中这个文件夹，在出现的菜单中，点击“新建”→“personal Geodatabase”，这时会创建一个名称为“New Personal Geodatabase.mdb”的数据库文件，将之改名为“New”，如图2-7所示。

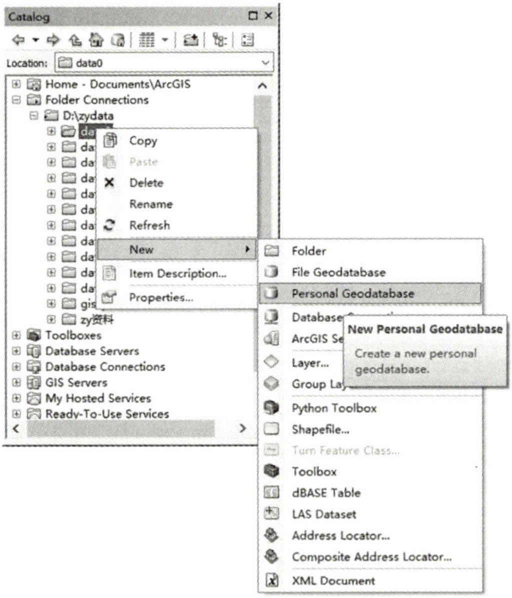

图2-7　ArcCatalog的目录树及数据库文件“New”

2. 右键点击数据库文件“New.mdb”，在出现的菜单中，选择“导入”→“要素类multiple”，在出现的对话框中，打开要导入要素数据（.shp图层文件），可以按住Shift键并点击鼠标可同时选择多个Shape文件。

3. 右键点击数据库文件“New.mdb”，在出现的菜单中，选择“新建”→“要素集”，如图2-8所示，在出现的对话框中输入要素集的名称、点击按钮“编辑”为其指定一个坐标系（GCS_WGS_1984）。

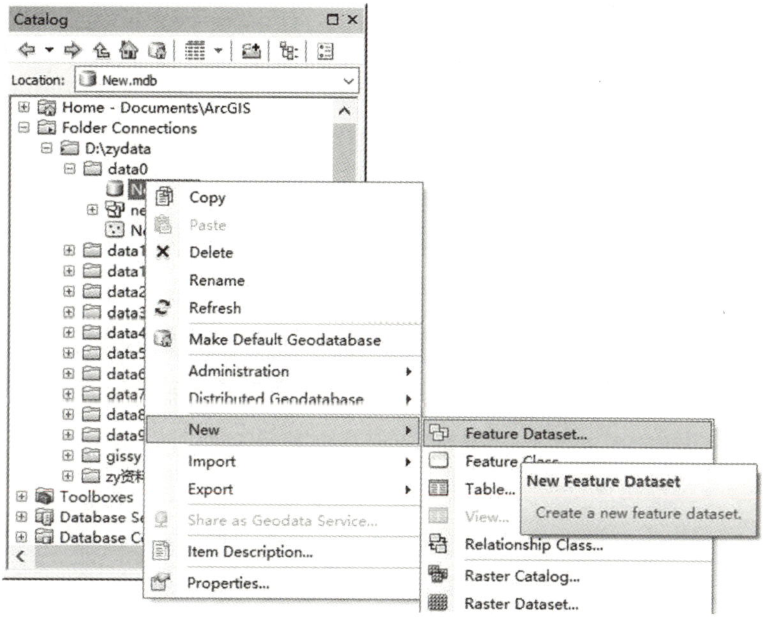

图2-8　新建要素集

4. 依次定义要素类属性，并新建数据表导入信息，建立关系，完成关系类定义。

5. 完整的个人地理数据库在ArcCatalog中就可以看到，在地理数据库New.mdb中，有一个要素集，其中包含一个要素类、一个数据表（公交线路）、一个关系类。

实验四　数据编辑

1. 图形数据编辑

在ArcMap中对所加载的数据的图形要素可以进行各种编辑，如平行线复制、缓冲区生成、镜面反射、拼接处理、结点删除、节点添加、线的延长和裁剪、线与多边形的分割。

以下操作都是以打开地图文档，并开始编辑（Start Editing）数据层为前提。选择图形编辑就可以对点、线、面数据图层选择操作，并根据操作类型选择进行，本实验中以线文件为例。

（1）在工具栏显示区的空白处点击右键，在出现的菜单在选中“编辑器”，从而打开编辑器工具栏，如图2-9所示。或在工具栏中按下按钮，即会出现“编辑器工具栏”。在编辑器工具栏中，点击“编辑器”下拉菜单，选择“开始编辑”命令，即可激活编辑工具。

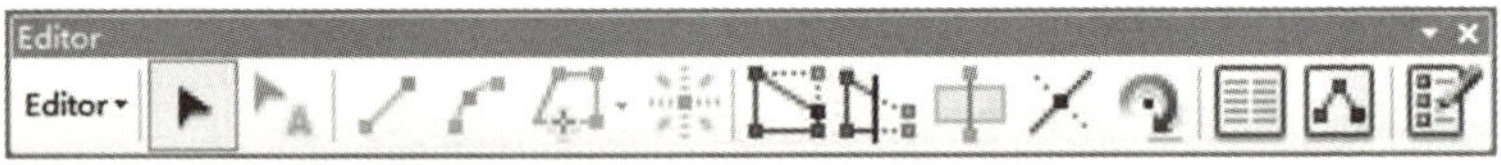

图2-9　编辑器工具栏

（2）点击编辑工具条中的编辑按钮，在下拉菜单中选择“Start Editing”，激活编辑工具，点击按钮“Create Feature”；在Arcgis界面右侧即出现“Create Feature”选项卡。点击“Create Feature”选项卡，如图2-10所示，目标选择将要绘制的文件（Shapefile1），工具选择绘线工具（line），鼠标移至显示窗口即变为十字形光标，这时就可以开始绘图了。（注意：要素类型为线文件的Shapefile中只能绘制线，点文件的Shapefile中只能绘制点，面文件同理）

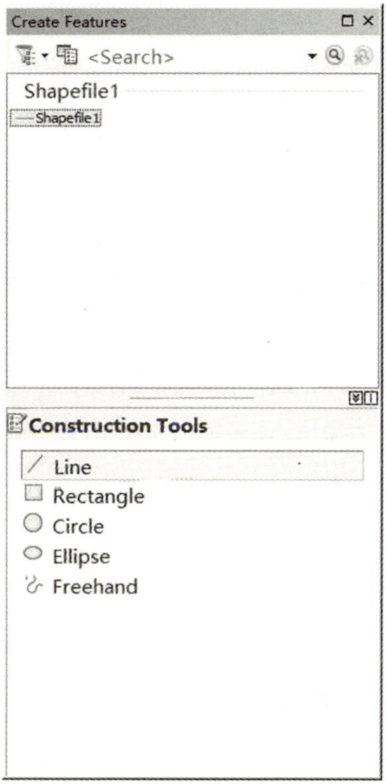

图2-10　Create Feature选项卡

（3）输入第一个点，选择合适的位置，按下鼠标左键，则线的第一个点输入成功。连续左键，依次输入接下来的点，然后双击结束该线条的绘制，刚刚绘制完毕的线条呈选中状态，如图2-11所示。

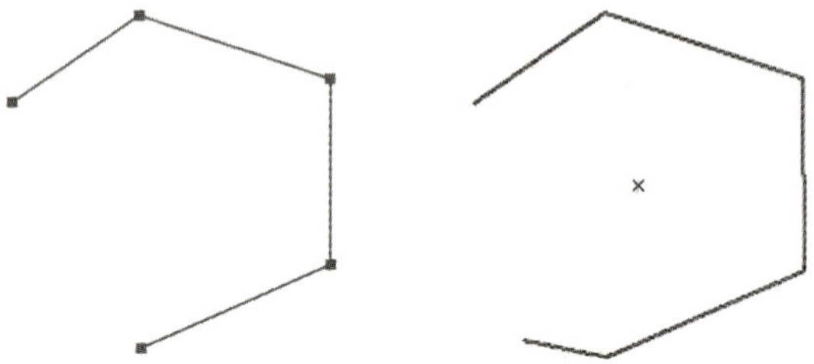

图2-11　依次输入线条上的每一个点（左图）与选中状态（右图）

（4)按钮是一个常用工具,起到鼠标作用。如果在绘图过程中需要停止绘图并选中某一特定线条,可单击该按钮,当光标变成鼠标状态,单击要选中的线条即可。如果在窗口的空白处单击,所有选中要素变回非选中状态。

（5)在选中状态下,单击修改要素节点工具,调出结点修改工具栏,即可对选中的要素进行移动节点、增加节点、删除结点等操作,如图2-12所示。

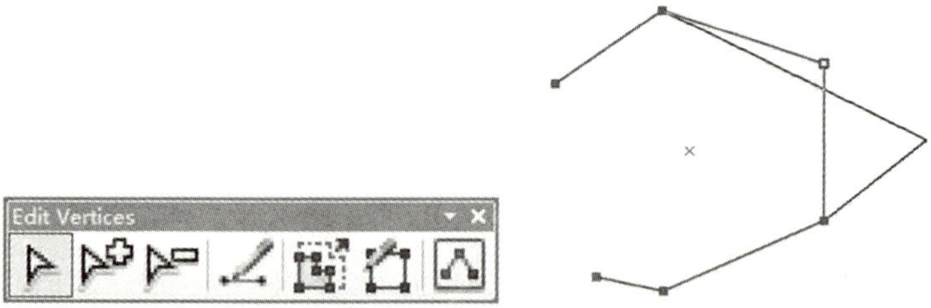

图2-12　节点修改工具栏（左图）和移动节点（右图）

（6）最后，点击“编辑器”工具栏中的“编辑器”下拉菜单，选择“停止编辑”命令，将以上所做的编辑结果保存。

2．属性编辑

借助ArcMap的编辑工具，可以对单要素或多要素属性进行添加、删除、修改、复制或粘贴等多种编辑操作，而应用数据层属性表，可以实现更多的编辑操作。属性编辑可对属性表进行修改，从而实现要素属性修改。

（1）在停止编辑的状态下，在图层列表控制面板（TOC）中，右键选择图层Shapefile1（.shp文件），在出现的菜单中，选择“打开属性表”命令。在打开的属性表中，单击第一排第一个按钮（Table Option），选择增加字段，如图2-13所示。在增加字段对话框中，自行设置字段名称（name），类型选择文本型（text）。

注意：在ArcGIS中你可以将要素的属性值存储为七种数据类型之一，即短整型（short integer）、长整型（long integer）、浮点型（float）、双精度（double）、文本型（text）、日期型（date）和大型二进制对象（BLOB）。浮点和双精度数据是真实的数值，通常用于测量或计算的连续数据，浮点型可包含1个符号位、7个指数位和24个小数位，双精度可包含1个符号位、7个指数位和56个小数位。短整型和长整型数据所反映的数值，通常用于记数或为分类指定一个编码值（coded value），短整形由1个符号位、15个二进制位组成，数值大约在–32 000 ~ 32 000之间，长整型由1个符号位、31个二进制位组成，数值大约在–2 000 000 000 ~ 2 000 000 000间。文本数据也能够存储编码值或者描述要素特征的文本，比如名称。要素时间方面的数据存储为日期型，如阀门的最后检测时间。BLOB能够集成其他的媒体，如视频、影像或声音。

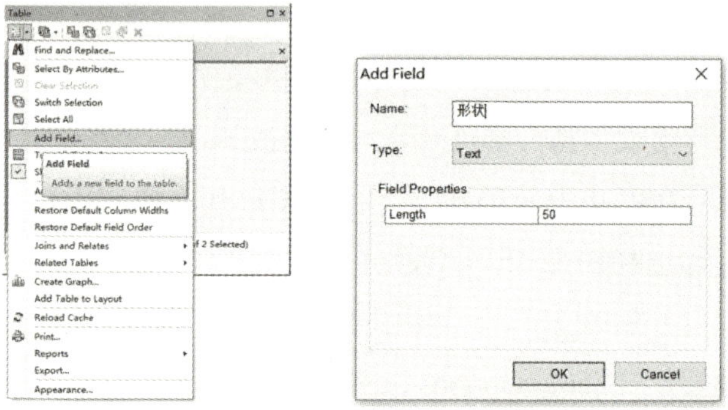

图2-13 Table Option界面（左图）和增加字段对话框（右图）

（2）在编辑器工具栏中，点击“编辑器”下拉菜单，选择“开始编辑”命令。在某一线条选中的状态下，单击编辑器中的属性编辑工具，如图2-14所示，在Arcgis界面右侧即出现“Attributes”选项卡。点击“Attributes”选项卡，在形状字段内单击，输入“曲线”。

图2-14 编辑线条形状属性

（3）点击“编辑器”工具栏中的“编辑器”下拉菜单，选择“停止编辑”命令，将以上所作的编辑结果保存。

（4）最后，打开属性表，查看属性表编辑前后的变化，如图2-15所示。

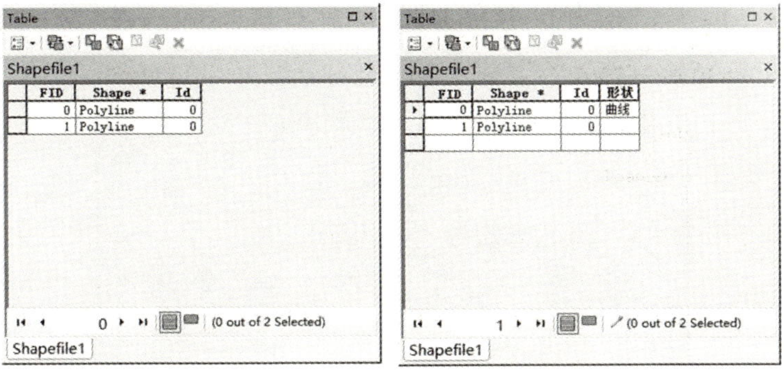

图2-15 编辑属性表前（左图）编辑属性表后（右图）

3. 保存工程文件

最后，在ArcMap中，点击“File”→“Save”，或点击Arcgis右上角关闭按钮×，选择存储位置，将该工程保存为以学号命名的.mxd文件，如图2-16所示。

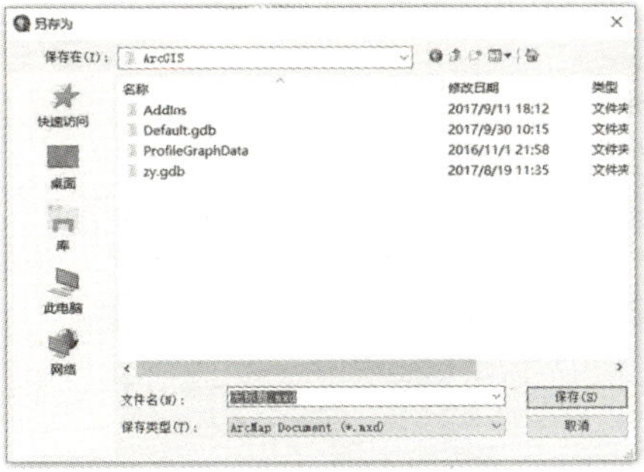

图2-16 工程文件储存对话框

需要注意的是：

由于工程文件保存的是数据文件的存储路径，为了在其他的电脑上也能顺利打开，应设置为保存相对路径，如图2-17所示。可通过“File”→“Document Properties”，调出文档属性对话框，在窗口底部Pathnames，在“Store relative pathnames to data sources”前点击勾选对号即可。

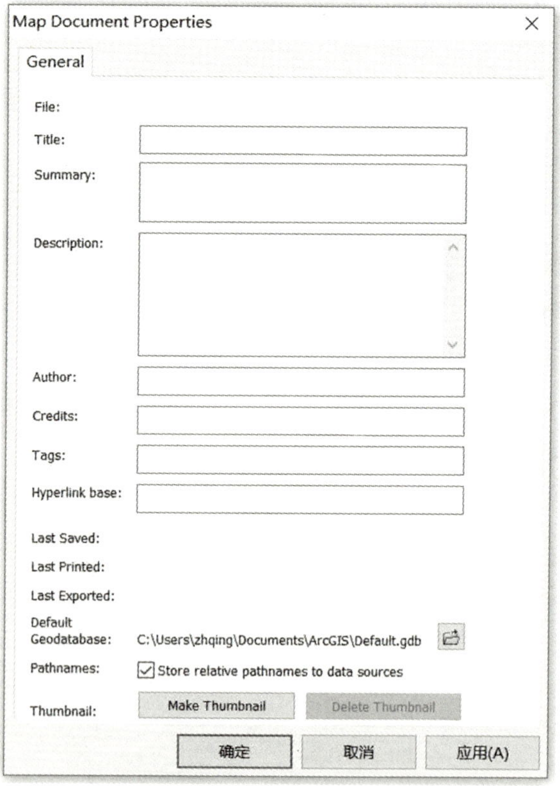

图2-17　保存相对路径

第三章　GIS空间分析

一、实验目的

1．了解矢量数据和栅格数据基本空间分析的原理。

2．掌握矢量数据和栅格数据空间分析的基本操作和用途。

二、实验内容

1．矢量数据空间分析方法。

2．栅格数据空间分析方法。

三、实验相关知识

空间数据（也称地理数据）是地理信息系统的一个主要组成部分。空间数据是指以地球表面空间位置为参照的自然、社会和人文经济景观数据，可以是图形、图像、文字、表格和数字等，是GIS所表达的现实世界经过模型抽象后的内容。

在某一尺度下，可以用点、线、面、体来表示各类地理空间要素，可以用矢量和栅格两种数据表达方式来表示空间数据，并且这两种数据格式可以相互转换。空间分析是地理信息系统的主要特征，是基于地理对象的位置和形态的空间数据的分析技术，其目的在于提取空间信息或者从现有的数据派生出新的数据。

空间分析是基于地理对象的位置和形态的空间数据的分析技术，其目的在于提取空间信息或者从现有的数据派生出新的数据，是将空间数据转变为信息的过程。空间分析可以基于矢量数据或栅格数据进行，具体的情况要根据实际需要确定。

空间分析能力（特别是对空间隐含信息的提取和传输能力）是地理信息系统区别于一般信息系统的主要方面，也是评价一个地理信息系统的主要指标。

实验一　投影变换

1．投影变换相关知识

地理坐标系（Geographic Coordinate System）

地理坐标系使用基于经纬度坐标的坐标系统描述地球上某一点所处的位置。某一个地理坐标系是基于一个基准面来定义的。

基准面是利用特定椭球体对特定地区地球表面的逼近，因此每个国家或地区均有各自的基准面。

椭球体	长半轴 a（米）	短半轴 b（米）
Krassovsky（北京54采用）	6 378 245	6 356 863.018 8
IAG 75（西安80采用）	6 378 140	6 356 755.288 2
WGS 84	6 378 137	6 356 752.314 2

在 ArcGIS 中基于这三个椭球，建立了我国常用的三个基准面和地理坐标系：

◆ GCS_WGS1984（基于 WGS1984 基准面）；

◆ GCS_BEIJING1954（基于北京 1954 基准面）；

◆ GCS_XIAN1980（基于西安 1980 基准面）。

投影坐标系（Projected Coordinate Systems）

投影坐标系使用基于 X、Y 值的坐标系统来描述地球上某个点所处的位置。这个坐标系是从地球的近似椭球体投影得到的，它对应于某个地理坐标系。

投影坐标系由以下参数确定：

• 地理坐标系（由基准面确定，比如：北京 1954. 西安 1980、WGS1984）；

• 投影方法（比如高斯—克吕格、Lambert 投影、Mercator 投影）。

在 ArcGIS 中提供了几十种常用的投影方法。

北京 1954 投影坐标系和西安 1980 坐标系都是应用高斯—克吕格投影，只是基准面、椭球、大地原点不同。

地理变换

地理变换是一种在地理坐标系（基准面）间转换数据的方法，当将矢量数据从一个坐标系统变换到另一个坐标系统下时，如果矢量数据的变换涉及基准面的改变时，需要通过地理变换来实现地理变换或基准面平移。

主要的地理变换方法有：三参数和七参数法。

投影变换

当系统所使用的数据是来自不同地图投影的图幅时，需要将一种投影的地理数据转换成另一种投影的地理数据，这就需要进行地图投影变换。

2. 加载实验数据（.shp数据图层）

3. 在ArcToolbox中选择“数据管理工具”→“投影和变换”→“定义投影”，如图3-1所示，在出现界面中在输入要素集或要素类里选择要进行定义投影的数据。

图3-1 ArcToolbox投影工具（ArcGIS10.0）

4．在坐标系中选择一例地理坐标系（如，Beijing_1954）；点击，出现该地理坐标系属性设置界面，如图3-2所示。

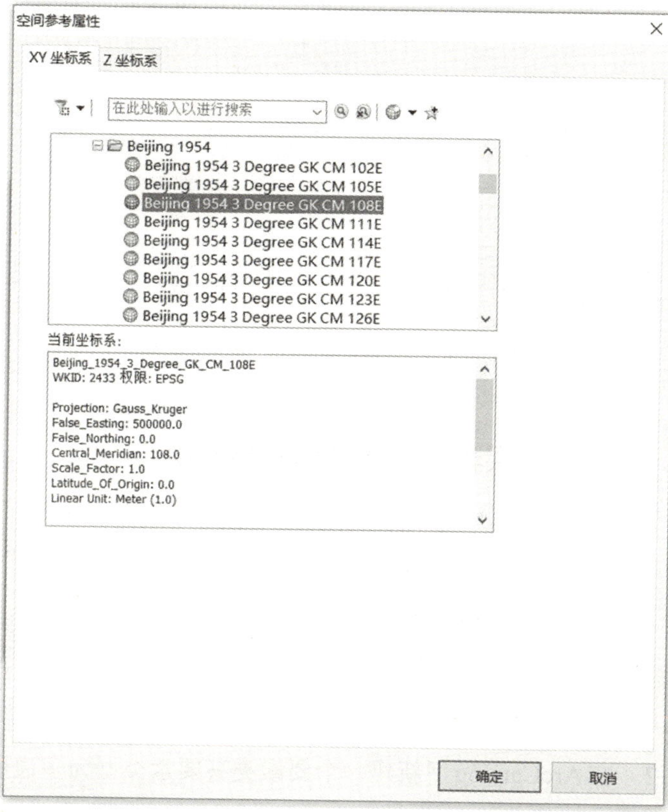

图3-2　空间坐标系属性（ArcGIS10.0）

5．地图投影设置与转换：在ArcToolbox中选择数据管理工具→投影和变换→要素→投影。

6．在投影界面，首先在输入数据集或要素类里选择要进行投影变换的数据，在输出数据集或要素类里选择输出路径及文件名，在输出坐标系里选择World_Mollweide，新图则会变为投影变换后的Mollweide投影图，如图3-3所示。

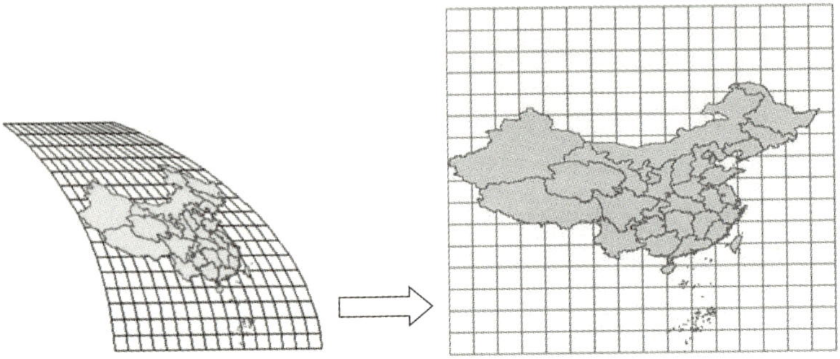

图3-3　Mollweide投影图（ArcGIS10.0）

实验二　数据剪裁与变换

1．加载空间分析模块：在ArcMap中执行菜单命令“工具”→“扩展”，在扩展模块管理窗口中，将“空间分析”前的检查框打勾。然后，在ArcMap工具栏的空白区域点右键，在出现的右键菜单中找到“空间分析”项，点击该项，在ArcMap中显示“空间分析”工具栏。

2．在ArcCatalog下新建一个要素类（要素类型为多边形），命名为ClipPoly.shp，在ArcMap中，加载栅格数据Landuse和ClipPoly.shp，如图3-4所示。

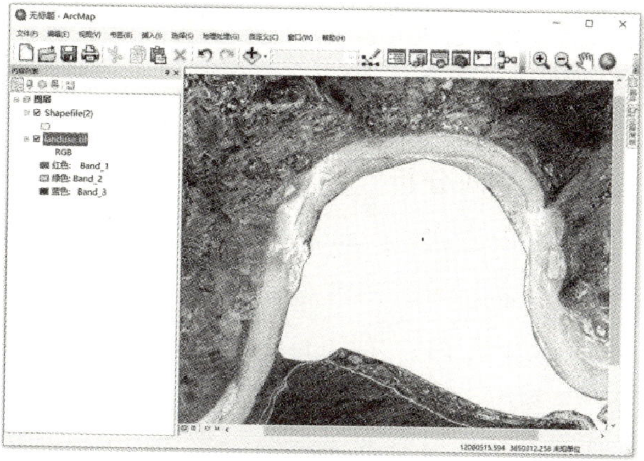

图3-4 加载栅格和矢量数据图层（ArcGIS10.0）

3．打开 编辑器 工具栏，开始编辑 ClipPoly ，根据要剪切的区域，绘制一个任意形状的多边形。打开属性表，修改多边形的字段“ID”的值为1，保存修改，停止编辑。

4．打开空间分析工具栏，如图3-5所示，选择“空间分析”→“转换”→“要素到栅格”，指定栅格大小，查询要剪切的栅格图层Landuse的栅格大小（例，25），并指定输出栅格的名称为路径，如图3-6所示。

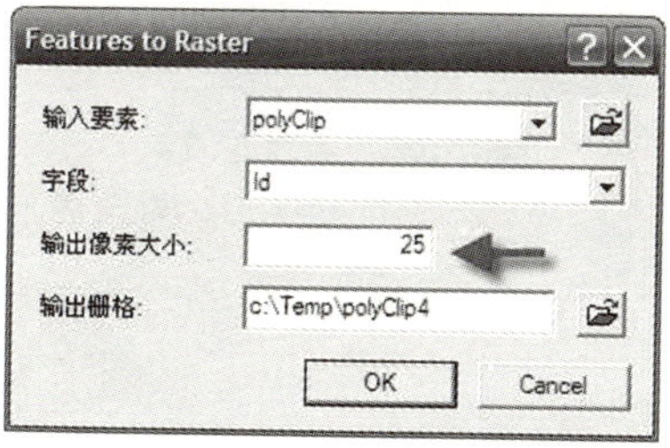

图3-5 空间分析工具栏（ArcGIS10.0）

图3-6 剪裁栅格属性（ArcGIS10.0）

5. 选择“空间分析”→“栅格计算器”（如图3-7所示），填写构造表达式：[Landuse]*[polyClip4-polyclip4]，执行 栅格图层：Landuse 和 用以剪切的栅格 polyClip4 之间的 相乘运算，得出以任意多边形剪切的Landuse数据，如图3-8所示。

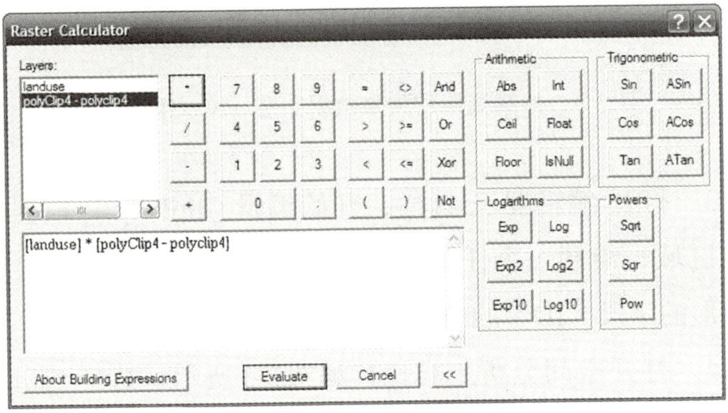

图3-7 栅格计算器（ArcGIS10.0）

图3-8 数据剪裁变换结果

实验三　栅格数据计算及重分类

1．在ArcMap中，新建地图文档，加载栅格数据Slope1，打开“空间分析”工具栏，执行菜单命令“重分类”，如图3-9所示。可以将连续栅格数据转换为离散栅格数据。

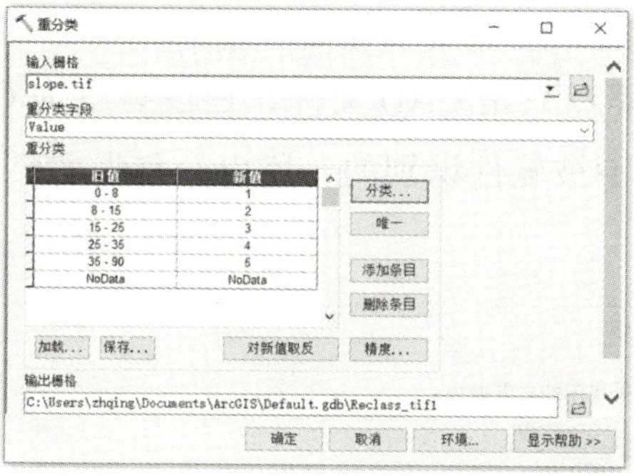

图3-9　栅格数据重分类对话框（ArcGIS10.0）

2．执行“空间分析”工具栏上的命令：“空间分析”→“栅格计算器”（如图3-10所示），表达式为[Slope1]<=25，即找出坡度在25度以下的栅格数据区域图层，满足条件的栅格赋值为1，其余的栅格赋值为0，则显示按条件筛选的新图层数据。

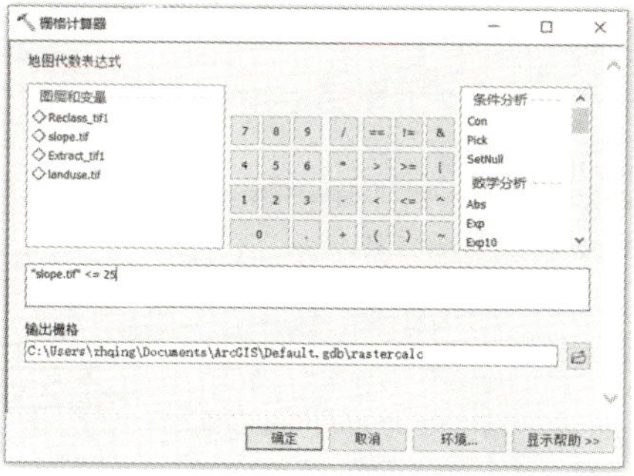

图3-10　栅格计算器（ArcGIS10.0）

实验四　地形分析

首先确保练习实验数据DWG文件需要有高程点的图层，其次确定Spatial模块是否开启，点击 自定义——扩展模块，检查里面的Spatial Analyst是否开启，可全部勾选，如图3-11所示。

由于高程点只是CAD文件，还没有变为GIS的Shapefile，此时是不被软件识别的，所以，首先需要把CAD转换为Shapefile。

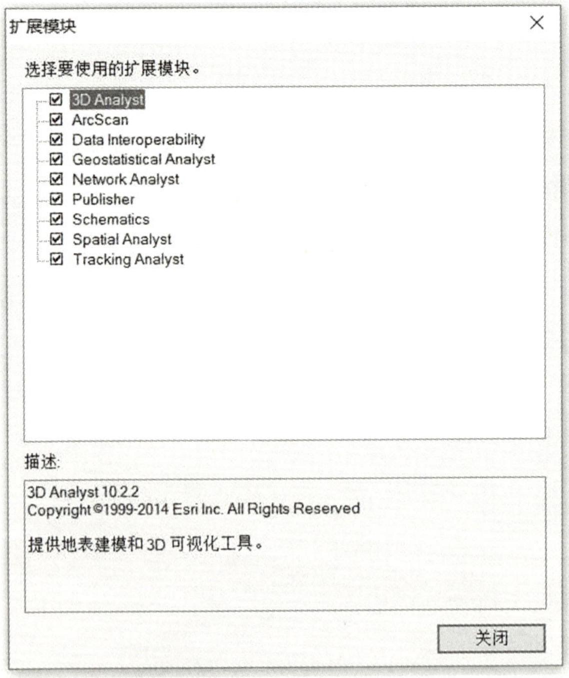

图3-11　Spatial Analyst（ArcGIS10.0）

1．在ArcMap中新建一个地图文档，添加CAD数据。

2．双击ArcToolbox里面的“转换工具”→双击“转换为Shapefile”→双击“要素类转Shapefile（批量）”（如图3-12所示），分别从点图层中转换高程点数据，从线数据中转换高程线数据，接转换为.shp格式的数据。选择输出文件夹，并分类保存不同信息数据文件。

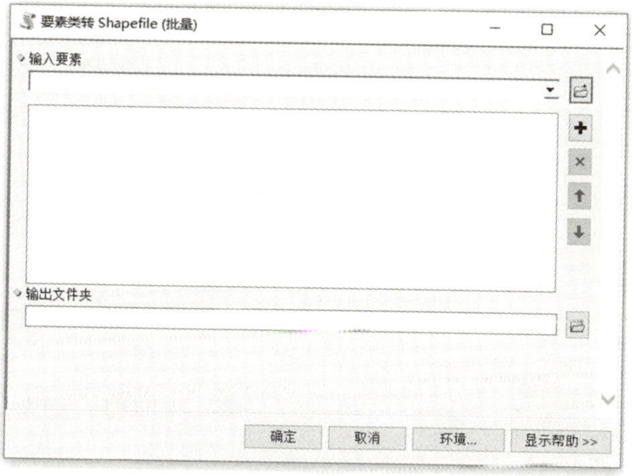

图3-12　要素转换（ArcGIS10.0）

3．对导出的.shp格式的数据进行编辑，因为数据在导入时可能会出现错误，因此转换的时候也会有误差。

4．选中要编辑的数据，右击→“打开属性表”→“按属性选中”→“Layer”→获取唯一值→“layer”=“地形”→“应用”，此时ArcGIS软件将根据你选择的内容自动生成一个图层：name选择，然后可对这个图层进行保存，并对新生成的数据进行编辑，消除误差，最后进行保存。

5．双击ArcToolbox中的“Spatial Analyst 工具”，双击“插值”，双击“反距离权重法”如图3-13所示，（若导入的不是point，而是polyline——等高线，则使用“地形转栅格”命令）。在“输入点要素”的选项选择已转换为Shapefile格式的文件；在“Z值字段”中选择“Elevation”；在输出栅格中，我们选择保存路径并命名。为了使结果清楚，可以把“输出像元大小”适当改动，但要注意硬件环境的可承受范围，最后，点击环境设置→点击处理范围→选择与转换数据相同。

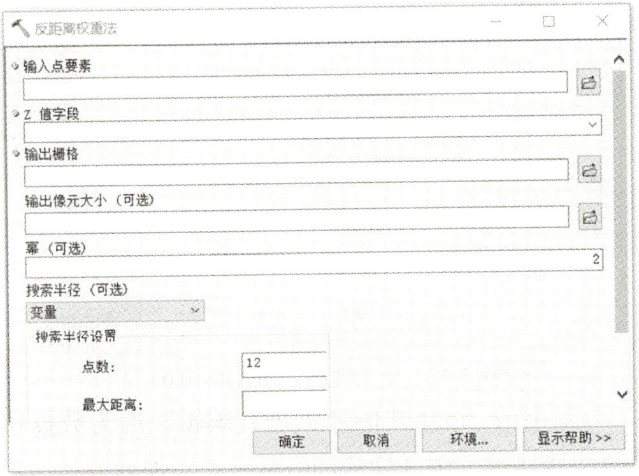

图3-13　反距离权重法对话框

6．再次确定后，将会生成高程栅格文件，可对图层文件选择“属性”→点击符号系统→将色带换色，更改显示颜色。

（1）在生成高程栅格文件后，可进行坡向、坡度、阴影、等高线等的分析，具体方法一样，只是选择的功能不同，下面是以坡度分析为例。

（2）点开 Arctoolbox→打开 Spatial Analyst 工具→打开表面分析→双击坡度。

（3）在对话框中将输入栅格改为刚转换完成的栅格文件，输出栅格保存路径可命名为“podu”，环境处理范围一致，后点击确定。

（4）设定完毕系统会自动生成“podu”栅格数据，可同样设定色带颜色，最后在导出地图——命名后，选择 JPG 格式，保存为图片形式。

实验五　缓冲区分析

缓冲区分析（Buffer）是对选中的一组或一类地图要素（点、线或面）按设定的距离条件，围绕其要素而形成一定缓冲区多边形实体，从而实现数据在二维空间得以扩展的信息分析方法。

在 ArcGIS 中建立缓冲区的方法是基于生成多边形（buffer wizard）来实现的，它是根据给定的缓冲区的距离，对点状、线状和面状要素的周围形成缓冲区多边形图层，完全是基于矢量结构，从操作对象、利用矢量操作方法建立缓冲区的过程到最后缓冲区的结果全部是矢量的数据。

1. 添加缓冲区向导到菜单中。在 ArcMap 中，执行命令：“工具”→“定制”，在出现的对话框中的“命令”选项页的目录列表框中，选择“工具”；在右边栏的命令列表框中，选择“缓冲区向导”，如图 3-14 所示。拖放“缓冲区向导”图标到菜单“工具”中，或者拖放到一个已存在的工具栏上，关闭“定制”对话框。

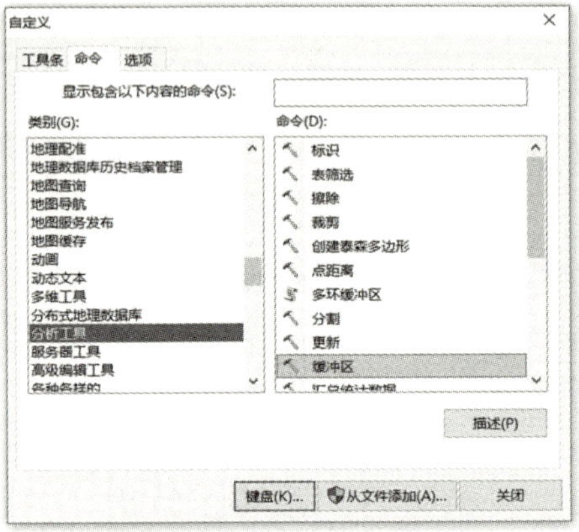

图3-14　添加缓冲区向导

2. 利用选择工具选择要进行分析的点状、线状或面状要素，然后点击，在“缓冲向导”对话框设置缓冲区信息，如图3-15所示。

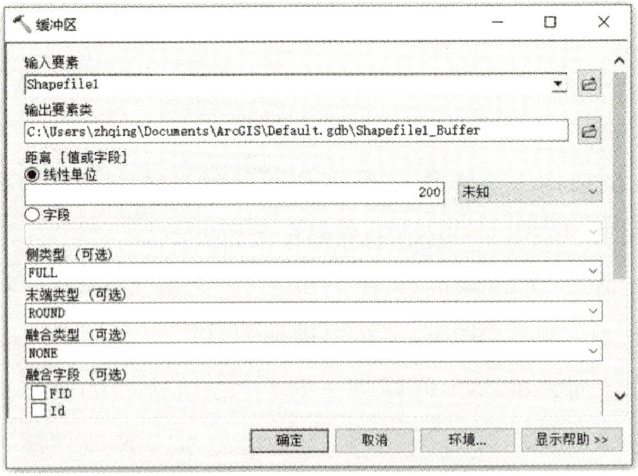

图3-15　线状缓冲区信息设置

点状要素的缓冲区的建立和线状要素的缓冲区，由于要素的空间形态的不同，使得缓冲区形状的不同，但是缓冲区的类型是一样的，它们同样存在着普通、分级、属性权值和独立缓冲区，且建立的操作步骤和点状要素的一样。

如图3-16、图3-17所示的面状要素在建立缓冲区的操作时，分面内缓冲区和外缓冲区，在ArcGIS的面状要素的缓冲区的获得有四种，主要区别为：

（1）inside and outside（内外缓冲区之和）；

（2）only outside（仅仅只有外缓冲区）；

（3）only inside（仅仅只有内缓冲区）；

（4）outside and include inside（外缓冲区和原有图形之和）。

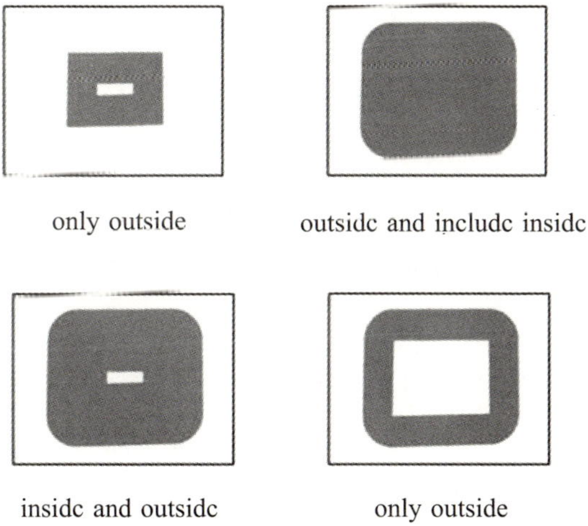

图3-16　原始的面状要素

图3-17　面状要素缓冲区

实验六　地统计插值

利用地统计分析模块，可以根据一个点要素层中已测定的采样点、栅格层或者利用多边形质心，轻而易举地生成一个连续表面。这些采样点的值可以是海拔高度、地下水位的深度或者污染值浓度等。当与ArcMap一起使用时，地统计分析模块提供了一整套创建表面的工具，这些表面能够用来可视化、分析及理解各种空间现象。

ArcGIS 地统计分析模块主要由三个功能模块组成，探索性数据分析（Explore Data）、地统计分析向导（Geostatistical Wizard），以及生成数据子集（Create Subsets）。利用这些基本功能模块，可以方便地完成多种地统计分析，创建完善的专题地图（表面预测）。

1. 启动ArcMap并激活地统计分析模块。单击窗口任务栏的Start按扭，光标指向Programs，再指向ArcGIS，然后单击ArcMap。在ArcMap中，单击Tools，在单击Extensions，选中Geostatistical Analyst复选框，单击Close按扭。

2．添加Geostatistical Analyst工具条到ArcMap中。单击View菜单，光标指向Toolbars，然后单击Geostatistical Analyst。

3．确保地统计模块加载好后就可以添加图层，根据不同的需求进行插值分析。

4．熟悉ArcGIS的几种空间插值的应用范围和区别。

克里格插值（Kriging）：称空间局部插值法，是以变异函数理论和结构分析为基础，在有限区域内对区域化变量进行无偏最优估计的一种方法，是地统计学的主要内容之一。南非矿产工程师D.R.Krige（1951年）在寻找金矿时首次运用这种方法，法国著名统计学家G.Matheron随后将该方法理论化、系统化，并命名为Kriging，即克里格方法。克里格方法的适用范围为区域化变量存在空间相关性，即如果变异函数和结构分析的结果表明区域化变量存在空间相关性，则可以利用克里格方法进行内插或外推；否则反之。如图3-18所示为克里格插值原理图。

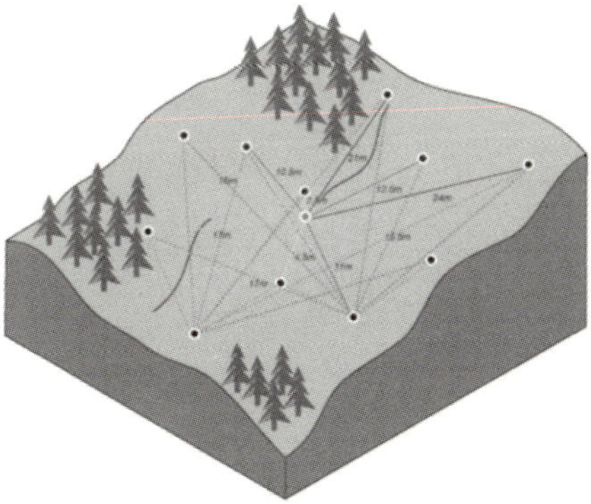

图3-18 克里格插值原理图（引自Arcgis10.0帮助）

反距离权重插值（IDW）：以插值点与样本点间的距离为权重进行加权平均。点到要估计的像元的中心越近，则其在平均过程中的影响或权重越大。如图3-19所示为反距离权重插值原理图。

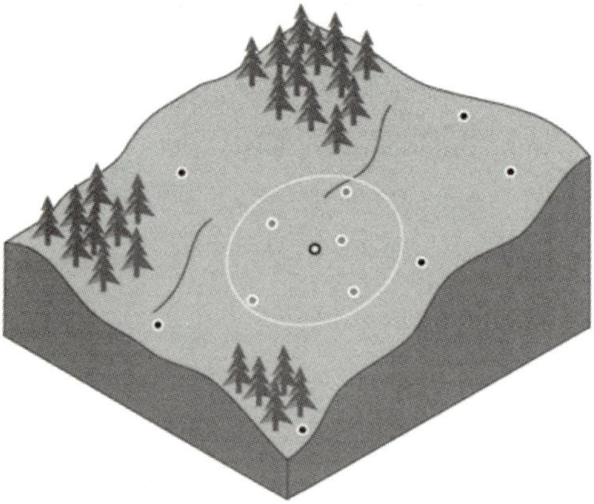

图3-19　反距离权重插值原理图（引自Arcgis10.0帮助）

自然邻域法（Natural Neighbor）：原理是构建voronoi多边形，也就是泰森多边形。该插值工具使用的算法可找到距查询点最近的输入样本子集，并基于区域大小按比例对这些样本应用权重来进行插值（Sibson 1981）。该插值方法的基本属性是它具有局部性，仅使用查询点周围的样本子集，且保证插值高度在所使用的样本范围之内。该插值方法不会推断趋势且不会生成输入样本尚未表示的山峰、凹地、山脊或山谷。该表面将通过输入样本且在除输入样本位置之外的其他所有位置均是平滑的。如图3-20所示为自然领域原理图。

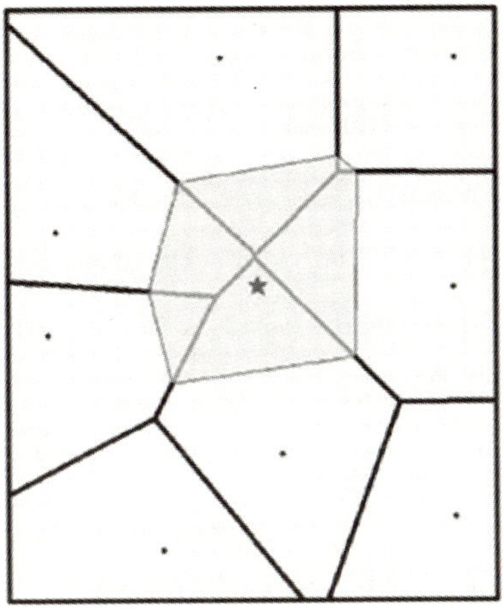

图3-20　自然邻域法原理图（引自Arcgis10.0帮助）

样条函数法（spline）：使用二维最小曲率样条法将点插值成栅格表面，生成的平滑表面恰好经过输入点。此方法最适合生成平缓变化的表面，例如高程、地下水位高度或污染程度。

以上几种插值方法可以划分为两类：一类包括反距离权重法、自然邻域法和样条函数法，属于确定性插值方法；另一类是克里格插值，属于非精确性插值方法。在赋权重时，反距离权插值方法只考虑已知样本点与未知样点的距离远近，而克里格方法不仅考虑距离，而且通过变异函数和结构分析，考虑了已知样本点的空间分布及与未知样点的空间方位关系。因此，反距离权重插值创建的表面可以经过所有的采样点，即样点处的值与实测值相等；克里格方法在样点处的值与实测值一般不会相等，但可以避免在输出表面上出现明显的波峰或波谷。

实验七　3D分析

ArcScene 是 ArcGIS 三维分析模块的一部分，它具有管理 3D GIS 数据、进行 3D 分析、编辑 3D 要素、创建 3D 图层以及把二维数据生成 3D 要素等功能。

1．GIS数据三维显示

（1）运行程序：“开始菜单”→“所有程序”→“ArcGIS”→“ArcScene”，打开 ArcScene 在 ArcScene 中执行命令：“工具”→“扩展”，选中“[3D Analyst]扩展模块”，在 ArcScene 中点击“添加数据”按钮，将数据图层（Roads，bldg，ortho.lan，dtm_tim）添加到当前场景中，如图3-21所示。

图3-21　图层添加（ArcGIS10.0）

关闭图层 [dtm_tin] 显示，在图层列表面板（TOC）中右

键点击图层 [ortho.lan]，打开图3-22。

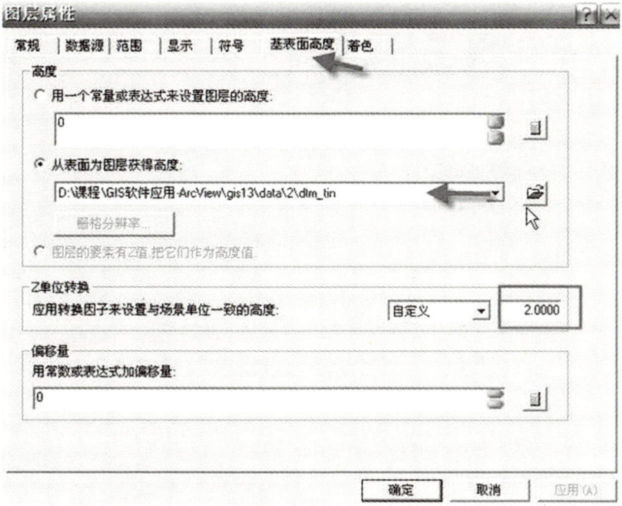

图3-22　图层属性设置（ArcGIS10.0）

（2）图层属性对话框，在[基表面高度]选项页中，如图3-22所示，将高度设置为：[从表面为图层获取高度]，并选择 当前场景中的TIN数据图层：[dtm_tin]，在[Z单位转换]中设定高程的夸张系数为 [2]， 高程将被夸大2倍。以相同方法设置图层 [Roads]、[bldg]的属性，夸张系数统一设置为 [2]。

（3）对图层 [bldg]，进一步设置， 如图3-23所示，通过设置拉伸表达式为 [HEIGHT*2]， 建筑的高度将根据属性字段 [HEIGHT]的数据确定。通过设置 [符号]选项，为每个不同的建筑赋不同的颜色。

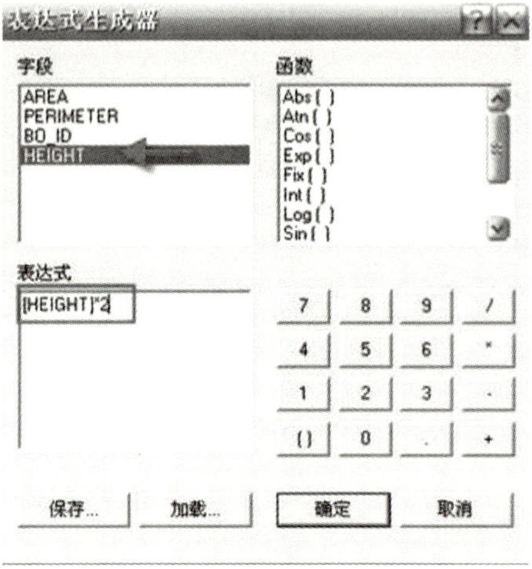

图3-23　表达式生成器（ArcGIS10.0）

（4）完成后可以点击 [工具栏]上的查询按钮，查询每个建筑物的属性，并应用工具栏的各项操作进行不同显示，如图3-24所示。

图3-24　3D分析工具栏（ArcGIS10.0）

ArcScene 中的三维场景可以导出为二维图片或三维VRML 文件[.wrl]，VRML 文件可以用 GLView 进行浏览或查看，普通的互联网浏览器也可以通过安装插件的方式进行浏览。

2．三维飞行动画制作

（1）在 ArcScene 打开三维场景文档 [Animation.sxd]，在工具栏显示区点右键，打开[3D 分析]、[动画]、[工具] 这三个工具栏。

（2）点击[动画]工具栏中的 [动画控制]按钮①，打开 [动画控制]工具栏， 点击[动画控制]中的 [录制] 按钮②。在[工具]中选择 [飞行]工具，然后在地图显示区中沿任意路线进行飞行（时间建议不要超过30s)，然后点击鼠标右键直至停止飞行；点击[动画控制]工具中的停止按钮 [■]，停止录相，点击 播放按钮，播放所录的动画。

图3-25　飞行动画录制（ArcGIS10.0）

第四章　GIS地图制作

一、实验目的

掌握地图整饰的基本方法和步骤，绘制一张完整的行政区图。

二、实验内容

1. 点状符号的整饰。
2. 线状符号的整饰。
3. 用质底法为各县（市）行政区域设置底色。
4. 绘制图廓和图名。
5. 标注并进行编辑和修饰。
6. 生成一张行政区图。

三、实验相关知识

地图编制是一个非常复杂的过程，其中地图数据的符号化与注记标注，都是为地图的编制来准备地理数据的。然而，要将准备好的地图数据，通过一幅完整的地图表达出来，并满足各种实际需求，这个过程中涵盖了很多内容，包括版面纸张的设置、制图范围的定义、制图比例尺的确定、图名、图例、坐标网等。

1．设定实验数据：dl.shp、dtx.shp、qxjm.shp、qxjx.shp、qxzf.shp、sxh.shp、szf.shp，分别为道路、地铁线、区县界面、区县界线、区县政府、双线河和市政府的矢量化数据。

2．双击ArcMap打开软件。加载实验所需的所有数据并按顺序排列图层顺序（dl.shp、dtx.shp、qxjm.shp、qxjx.shp、qxzf.shp、sxh.shp、szf.shp），在qxjm图层处右键选择Properties，打开Layer Properties对话框，如图4-1所示。

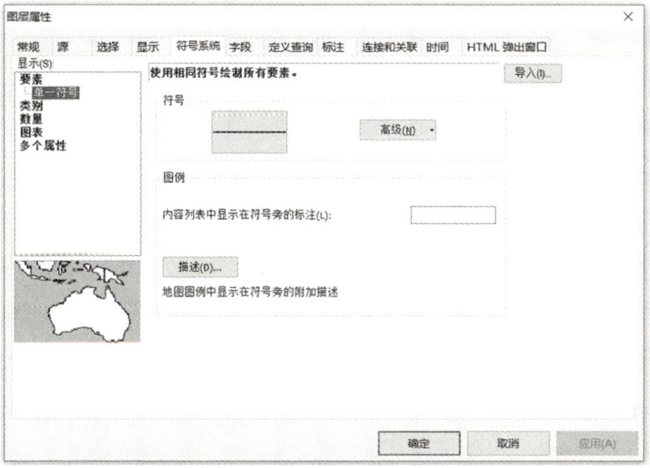

图4-1 图层属性对话框

3．根据要素属性，设置图层渲染样式。在show的选项中categories下选择Unique values；在Value Field中选择字段NAME。单击Add All Values，增加所有值，即在“值字段”

下的下拉列表中，选择字段“CLASS”。按确定完成所有值添加，如图4-2所示。

4. 点击按钮“应用”（Apply），就可以看到地图的显示发生了变化。现在，图层—Streets 就会根据属性字段—CLASS 的取值不同而采用不同的符号表示。

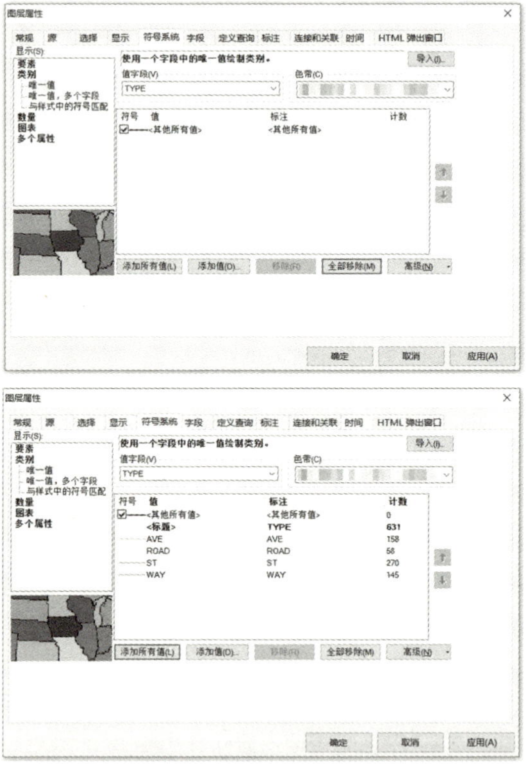

图4-2 所有值添加前后

5. 根据属性选择要素。执行菜单命令“选择”→“通过属性选择”。在属性选择对话框中，可以构造一个查询条件。

例如：通过构造表达式：Select * From Street WHERE "STR_NAME" = "I 10"，可以从数据库中找出第10号州际公路。选中的要素将会在属性表及地图中高亮显示。在图层下拉列表中，选择Streets。在方法下拉列表中，确定"创建一个新的选择集"被选中。在字段列表中，调整滚动条，双击"STR_NAME"。然后，点击"="按钮。再点击"得到唯一值"按钮，在唯一值列表框中，找到"I 10"后双击。点击"应用"按钮，在地图显示区中属性为"I 10 "的第10号州际公路被高亮显示。选中的这些线段是第10号州际公路的组成部分，如图4-3所示。

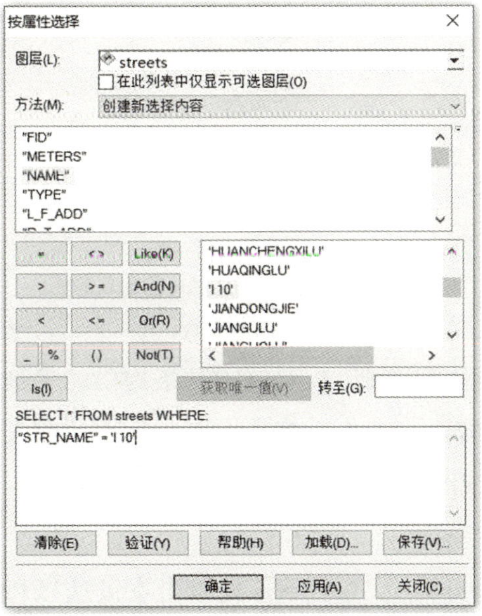

图4-3　属性选择-表达式构造（ArcGIS10.0）

6. 依次对dl.shp、dtx.shp、qxjm.shp、qxjx.shp、qxzf.shp、sxh.shp、szf.shp图层根据属性进行渲染，选择不同颜色和表示方式体现图层分级内容。

7. 地图符号化后设置地图标注。选择以相同方式为所有属性加标注，同时设置字体格式和大小，如图4-4所示。

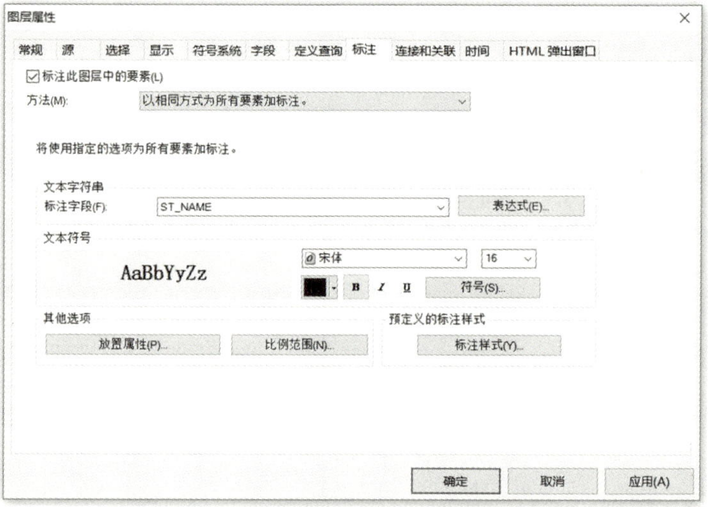

图4-4 图层标注（ArcGIS10.0）

8. 在主菜单中选择“View-Layout View”，从数据视图转为版面视图，可以利用Layout工具条提供的工具对版面设计视图中的内容进行放大、缩小、固定比率的放大、固定比率的缩小、全视图显示等操作。

9. 地图整饰

（1）添加网格。在Layers处单击右键选择Properties，打开属性对话框，选择Grid选项卡。单击New Grid按钮，打开

Grid and Graticules Wizard 对话框，选择 Reference Grid 选项。按下一步完成网格创建。

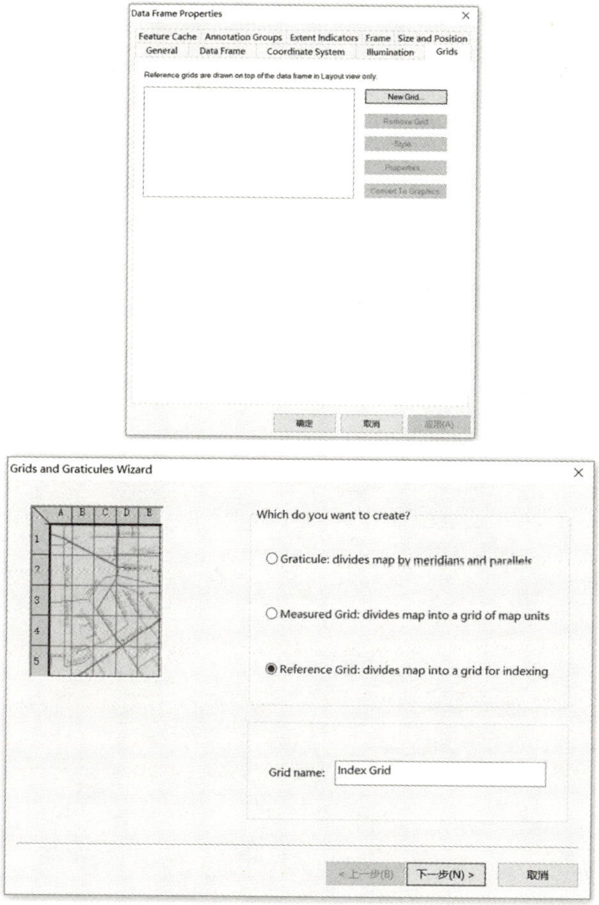

图4-5　创建网格（ArcGIS9.2）

（2）右键单击<Double-click to enter map title>，打开 Properties 对话框，在对话框的 Text 中更改地图名称，并对字体和

字号加以设置，如图4-5所示。

（3）右键单击Legend，打开属性Legend Properties对话框，选中图层1单击Style，在打开的对话框中选择图例显示的格式，单击OK，返回Legend Properties对话框。在Legend Properties中选中图层1，在Columns中设置参数为2，如图4-6所示。

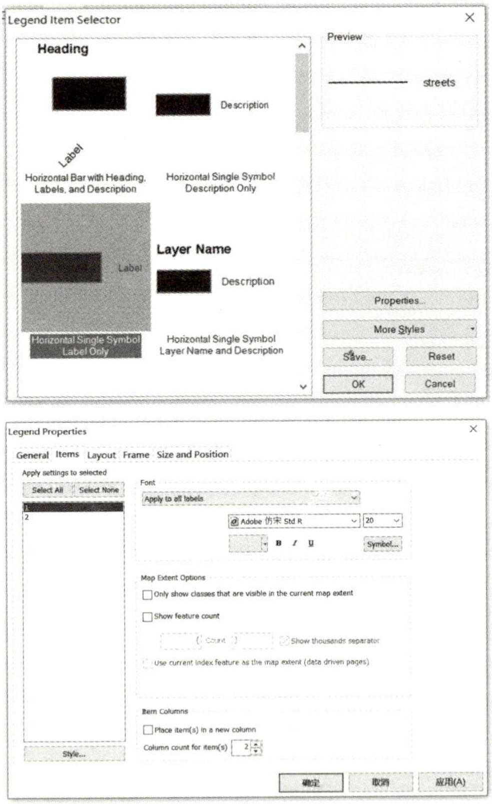

图4-6 设置图例

（4）右键单击比例尺图例，打开Stepped Scale Line Properties对话框，单击Format标签，在style中选择比例尺样式，如图4-7所示。在scale and units中设置Number of division的值为1，设置Number of subdivision的值为2，将Division units选为Kilometers，Label中的单位改成km，单击确定完成比例尺的属性设置，在版面视图中直接通过拉伸即可完成比例尺的大小设置。

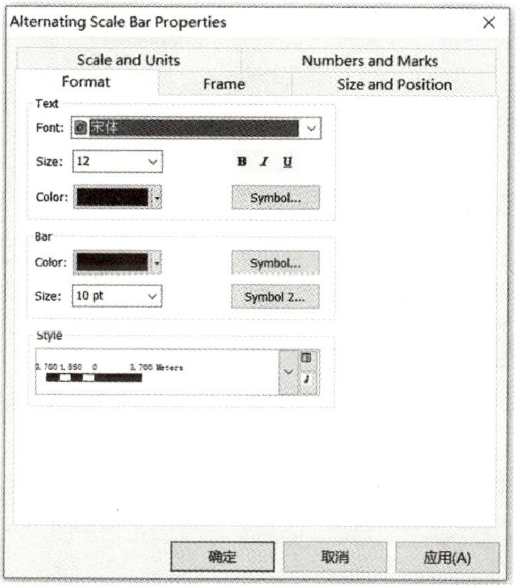

图4-7　比例尺设置

（5）右击指北针图例，打开North Arrow Properties对话框，单击North Arrow Style，在打开的对话框中选择指北针的样式，单击确定，返回North Arrow Properties对话框，单击确定，则选择的指北针样式即可应用到地图上，如图4-8所示。

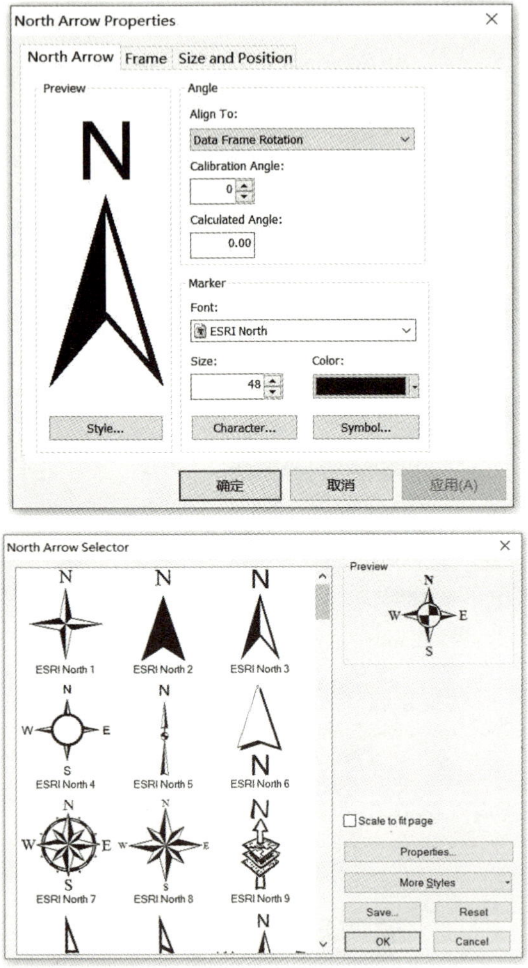

图4-8　指北针设置（ArcGIS9.2）

（6）阴影及边框可采取同样设置方式。

10．打开File下面的Export map对话框，设置文件名，选择格式为jpg，点击保存。

第五章　综 合 应 用

一、实习目的

1．通过一个综合GIS实习，总结和复习前面的实习内容；

2．掌握一个完整GIS应用项目的设计方法、实施过程和成果总结的步骤和方法；

3．掌握GIS应用文档的编写的内容和方法。

二、实习内容

1．根据给定的底图，设计矢量化的内容和编码的方案；

2．对底图分层矢量化；

3．矢量化底图的编辑和编码；

4．专题地图的制作；

5．项目文档说明的编写。

实验一　选址分析

1．目的

熟练掌握GIS缓冲区分析和叠加分析操作，综合利用各项空间分析工具解决实际问题。

2. 数据

城市市区交通网络图（Network.shp），商业中心分布图（Marketplace.shp），名牌高中分布图（Shool.shp），公园绿地分布图（Park .shp）。

3. 要求

所寻求的区域要求满足以下条件。

（1）离主要交通要道200m之外，以减少噪音污染（ST为道路数据中类型为交通要道的要素）。

（2）在商业中心的服务范围之内，服务范围以商业中心规模的大小（属性字段YUZHI）来确定。

（3）距名牌高中在750m之内，以便小孩上学便捷。

（4）距公园绿地500m之内，环境优雅。

（5）运用空间叠置分析对上述四个图层叠加求和，确定合适的区域。

4. 说明

ArcGIS中实现学校选址分析，首先利用现有学校数据集、现有娱乐场所数据集和高程数据派生出坡度数据以及到现有学校、娱乐场所距离数据集。然后重分类数据集到相同的等级范围，再按照上述数据集在学校选址中的影响率赋权重值，最后合并这些数据即可创建显示新学校适宜位置分布的地图。其间用到的ArcGIS扩展模块（Extensions）空间分析，功能包括距离制图中的直线距离制图、表面分析中的坡度计算、重分类及栅格计算器等。

5．操作步骤

（1）新建地图文档，加载城市市区交通网络图（Network.shp），商业中心分布图（Marketplace.shp），名牌高中分布图（Shool.shp），名胜古迹分布图（Park.shp）四个图层。

（2）选择交通要道，并建立噪声缓冲区

● 在左侧 TOL 栏中单击选择交通要道，右键打开属性表。在属性表左上角“Option”→“Select by Attributes”，设置参数如图 5-1 所示（注意：双击选择“TYPE”后可按“get unique values”，获得“TYPE”的对应属性值）；随后 ST 类型的街道处于选中状态。

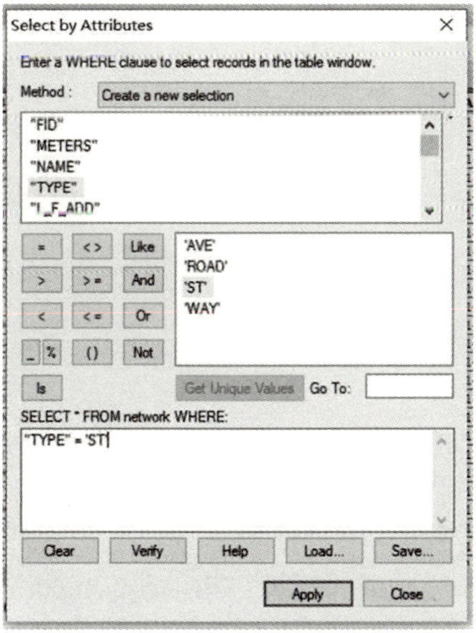

图 5-1　选择交通要道

● 对交通要道建立缓冲区，“AtcToolbox” → “Analysis” → “Proximity” → “Buffer”，打开缓冲区生成对话框，设置参数如图5-2所示。

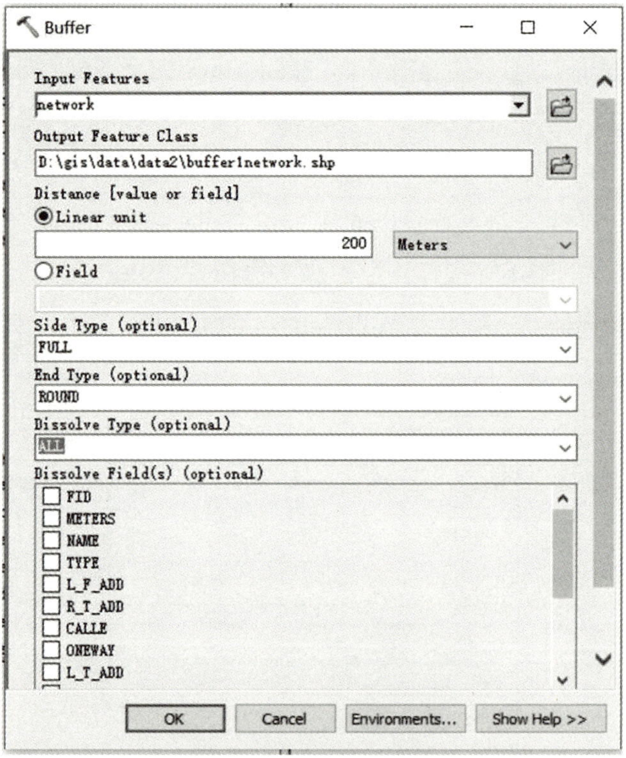

图5-2　缓冲分析对话框

（3）商业中心影响范围（缓冲区）建立

“AtcToolbox” → “Analysis” → “Proximity” → “Buffer”，打开缓冲区生成对话框：第一步，Input Features选择图层为Marketplace；第二步，单击Output Features右侧的文件

夹，在弹出的对话框中选择输出文件的储存位置，设置输出文件名称；第三步，选择“Field”，在下拉属性字段中选择“YUZHI”，如图5-3所示。

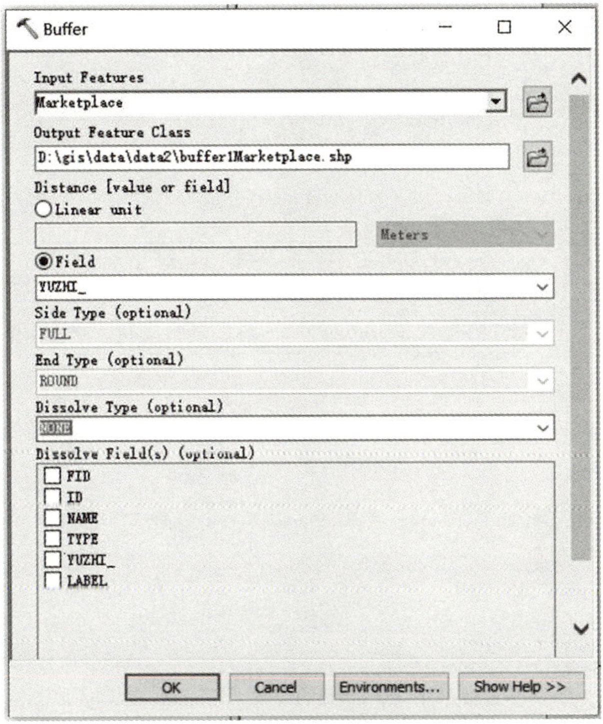

图5-3　建立商业中心的缓冲区

（4）名牌高中的影响范围建立

建立名牌高中周边750m的缓冲区，与交通要道缓存区建立类似，为使数据简明，Dissolve Type选择All，如图5-4所示。

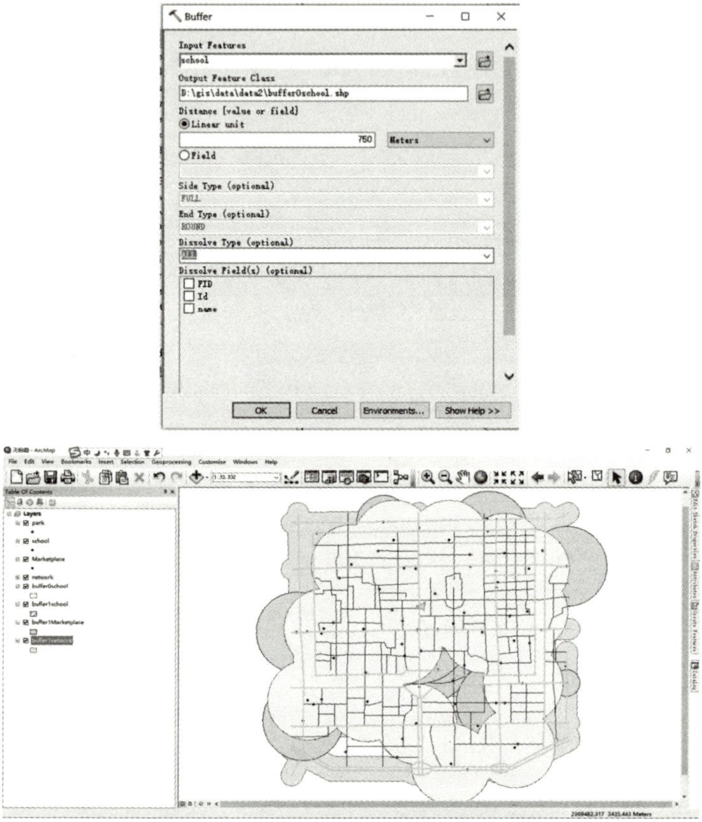

图5-4　名牌高中缓冲区设置（上图）与效果图（下图）

（5）名胜古迹影响范围建立

建立名胜古迹周边500m的缓冲区，与交通要道缓存区建立类似，在设置缓冲距离时设定为500m。

（6）叠加分析，求出满足四个要求的区域

● 对后三个缓冲图层求交集，结果为满足后三个条件的区域：打开ArcToolbox，选择“Analysis Tools”→“Overlay”→

"Intersect"，打开交集对话框，参数设置如图5-5所示。

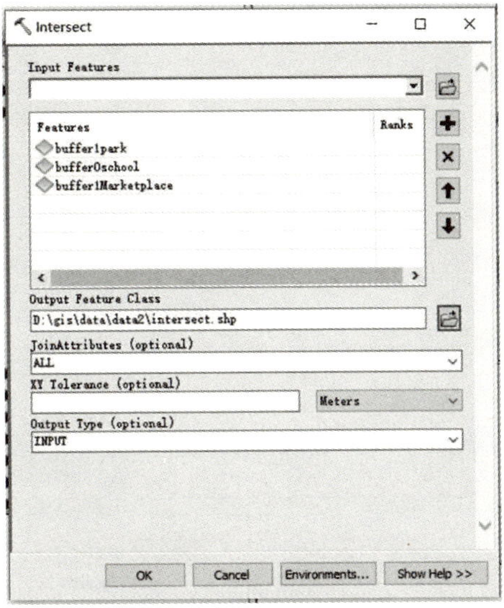

图5-5　交集叠加

- 将上步结果与交通要道缓冲区取差集，用前者擦除后者，得到四个条件均满足的区域："ArcToolbox" → "Analysis Tools" → "Overlay" → "Erase"，参数设置如图5-6、图5-7所示。

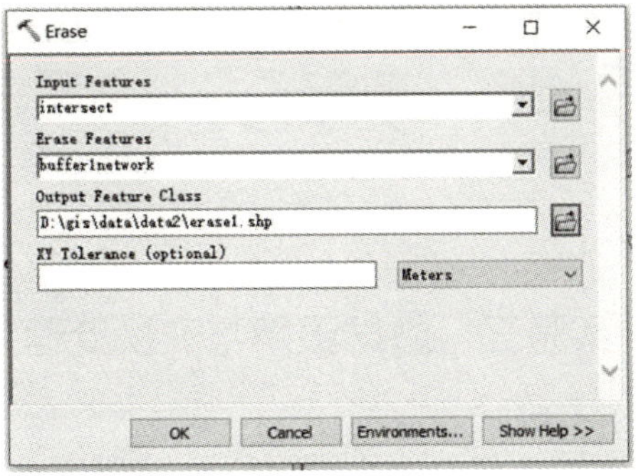

图5-6　擦除图层

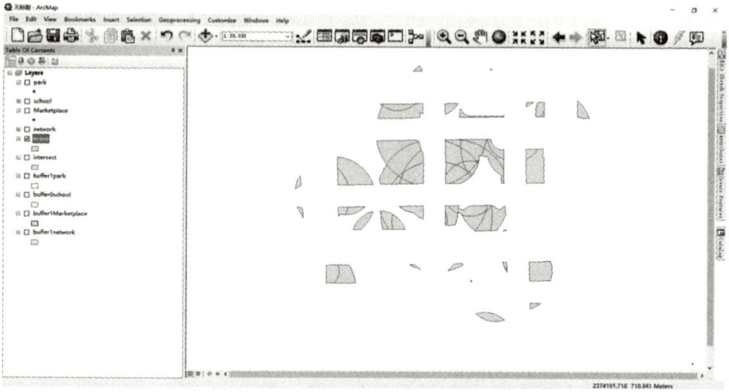

图5-7 满足所有条件区域

（7）保存工程文件“选址分析”，如图5-8所示。

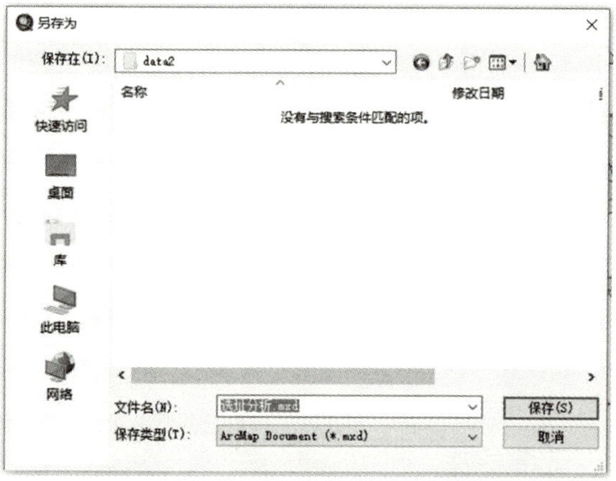

图5-8 保存工程文件对话框

实验二 数据更新与变换处理

1. 目的

掌握数据拼接，边界提取，数据裁切，等级划分，设色以及投影转换的方法。

2．数据

（1）矢量数据（Vector.shp）为跨越两个图幅的县的行政区域图。其中大地基准是D_North_American_1927，参考椭球体是Clarke 1866，这是Arcgis为Shapefile类型的数据假设的地理坐标系统。

（2）DEM数据dem1和dem2分别为两个图幅的DEM。地理坐标系统，其中大地基准是D_Krasovsky_1940，参考椭球体是Krasovsky_1940。

3．要求

提取跨越两个1：25万图幅的县图的DEM数据，将数据转成高斯克吕格投影系统。

4．说明

由于空间数据（包括地形图与DEM）都是分幅存储的，某一特定研究区域常常跨越不同图幅。当要获取有特定边界的研究区域时，就要对数据进行裁切、拼接、提取等操作，有时还要进行相应的投影变换。

提取县行政区域矢量数据，对DEM数据进行拼接，再利用提取好的矢量数据进行剪裁，最后对新生成的DEM数据进行投影变换。

实验三　GDP区域分布图的生成与对比

1. 目的

ArcGIS中提供了三种空间插值方法，每种插值方法在原理和应用上都大不相同，在此通过具体实例练习如何利用IDW内插方法和Spline内插方法进行GDP空间分布特征的分析。

2. 数据

GDP为某地区的统计GDP数据，数据范围：4601万元~132 630万元。Bound为该地区的边界数据。

3. 要求

（1）经济的发展具有一定的连带效应和辐射作用。以该地区各区域年GDP数据为依据，采用IDW和Spline内插方法创建该地区GDP空间分异栅格图。

（2）分析每种插值方法中主要参数的变化对内插结果的影响。

（3）分析两种内插方法生成的GDP空间分布图的差异性，简单说明形成差异的主要原因。

（4）通过练习，熟练掌握两种插值方法的适用条件。

实验四　地形指标和信息特征提取

1. 目的

熟悉对各基本地形指标的概念及其应用意义的理解；掌握山脊线和山谷线这两个基本地形特征信息的理论及其基于

DEM的提取方法与原理。掌握使用ArcGIS软件提取这些地形指标和地形特征信息的方法和步骤。

2．数据

采用某区域栅格DEM，是一个区域的分辨率为5米的DEM数据，图例是按照其高程值采用渐变色来显示。

3．要求

利用所提供的DEM数据，提取得出该区域坡度变率、坡向变率、地形起伏度、地面粗糙度等四个基本地形指标的栅格图层；提取该区域山脊线、山谷线栅格数据层。

4．说明

地形指标是最基本的自然地理要素，也是对人类的生产和生活影响最大的自然要素。地形指标的提取对水土流失、土地利用、土地资源评价、城市规划等方面的研究起着重要的作用。根据研究区域尺度的不同，地形指标有许多因子。基于ArcGIS的地形指标的提取，大多均是基于DEM数据完成。

特征地形要素，主要指对地形在地表的空间分布特征具有控制作用的点、线或面状要素。特征地形要素构成地表与起伏变化的基本框架。与地形指标的提取主要采用小范围的邻域分析不同的是，特征地形要素的提取更多地应用较为复杂的技术方法，如山脊线、山谷线、沟沿线等的提取采用了全局分析法，成为栅格数据地学分析中很具特色的数据处理内容。特征地形要素从表示的内容上可分为地形特征点和特征线两大类。地形特征点主要包括山顶点、凹陷点、脊点、谷点、鞍点、平地点等。

实验五　表面创建和景观图制作

1．目的

为了加深对地表概念及生成方法的理解，掌握三维场景中表面及矢量要素的立体显示原理与方法，熟练掌握ArcGIS软件中表面生成、表面及矢量要素在场景中的三维显示及其叠加显示。此外，本实例还允许读者自行设计要素的符号化显示方案。

2．数据

（1）景区等高线矢量数据。

（2）景区道理矢量数据。

（3）景区水系矢量数据。

（4）景区休憩地数据层。

3．要求

（1）利用所给等高线数据建立景区栅格表面。

（2）在ArcScene三维场景中，实现表面与其他要素叠加三维显示。

（3）设计各要素如道路、水系等的符号化显示。

（4）综合考虑表面及各要素，生成区域景观图。

4．说明

加载数据创建TIN表面，对栅格数据生成DEM，对图层符号化设计，最后进行三维景观图设置。